시야가 트이고 관점이 생기는
말랑말랑 우주여행

시야가 트이고 관점이 생기는
말랑말랑 우주여행

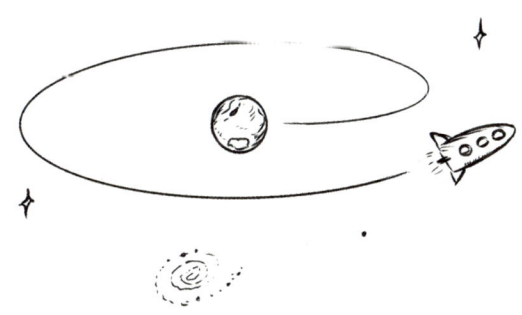

이즈쓰 도모히코 지음

김소영 옮김

예경

시작하며

하루 15분으로,
내 일상이 즐거워지는
우주여행!

"없는 시간을 쪼개서 우주 교양을 쌓고 싶다."
"이과 용어나 수식 없이 우주를 알고 싶다."
"우주에 대해 질문에 똑소리 나게 답하고 싶다."
"우주 전체를 그려나갈 수 있는 책이 있으면 좋겠다."

막연하게만 느껴졌던 우주를 생생하게 이해하고 싶은 사람이라면, 딱 맞는 책을 택한 겁니다. 이 책은 우주의 신비한 모습을 보여주고, 나 역시 그 안에 소속되어 있다는 걸 느낄 수 있도록 현실적인 내용들을 담았습니다. 우리가 사는 지구에서 출발하여 달, 행성, 별, 은하, 우주 그 자체, 나아가 UFO나 외계인까지. 우주의 '우' 자도 모르는 분들을 위해 '기본'을 탄탄하게 잡고, 그 위에 현대 과학에서도 해결되지 않은 '불가사의'와 '수수께끼'를 얹었습니다.
아무리 바쁜 일상이라도 하루 15분만 투자하면 읽을 수 있습니다. '과학 책' 하면 으레 따라오는 수식을 걱정할 필요도 없습니다. '인류는 왜 또다시 달로 향하는 걸까', '우주에 끝이 있을까?', '외계인은 존재할까?' 등 이런 질문에 자신의 견해도 섞어 답하는 자신을 만나게 될 것입니다. 마치 '푸짐한 한 상 차림' 같은 책이랄까요? 음식이 꿀떡꿀떡 넘어가듯 술술 읽히고 자연스럽게 저장되도록 심혈을 기울였습니다. 다 읽은 다음에는 새로운 세계가 펼쳐질 수 있도록 공을 들였습니다.

상반되는
우주의 두 가지 매력

우주에는 호기심을 자극하는 '두 가지 매력'이 있습니다. 첫 번째는 일상과 동떨어진 듯한 파격적인 신기함을 꼽을게요. 기상천외한 행성, 생물처럼 진화하는 은하, 시공을 초월하는 블랙홀…… 우주가 보여주는 비일상적인 세계를 자꾸 들여다보고 싶어지지 않나요?
두 번째 매력은 일상과 이어지는 연관성입니다. 일상과 동떨어져서 신기하다더니, 모순 아니냐고요? 사실 끝없이 펼쳐지는 우주는 우리 일상과 아주 깊은 관련이 있습니다. 우리 눈에 익숙한 풍경에서 우주와 연결되는 고리를 발견한 순간, 눈앞이 번쩍하면서 다른 세상이 보일 겁니다.

우주가 인생에 가져다주는
'절대 효능'

우주 속에 푹 빠져 있다보면 특별한 '효능'을 느낄 수 있는데요. 우주를 알면 알수록 시점이 다양해지고 시야가 탁 트이며 사물을 보는 자세가 자유로워집니다. 전에는 관심도 두지 않았던 사물들이 애틋하게 느껴지기도 하고, 심심했던 풍경이 형형색색으로 물들기도 합니다.

우주의 효능은 하나 더 있습니다. 우주에 빠질수록 사람에 덜 치이고 행복감이 올라갑니다. 우리가 살아가는 도시를 둘러보면 온통 사람들뿐입니다. 그렇다고 시선을 아래로 돌리면 습관처럼 스마트폰을 꺼내 SNS나 확인하고 있지요. 하지만 '우주계'를 상대하다 보면, '인간계'에 사로잡혀 생긴 피로가 해소돼고 현대 사회를 활기차게 살아가는 행복한 에너지를 받습니다.

우주는
전문가들의 전유물이 아니다

정리해보면, 우주에는 '일상 밖에서 오는 압도적인 신기함'과 '일상과의 연관성'이라는 두 가지 매력이 있고, 그 매력을 접했을 때 사물을 보는 관점이 달라지며 행복감도 높아진다고 할 수 있죠. 이런 우주를 연구자나 어려운 책을 읽을 수 있는 우주 상급자들만 즐기다니, 이렇게 치사한 일이 어디 있을까요?

우주의 재미를 더 많은 사람에게 나눠주고 싶다는 마음을 원동력으로 이 책을 만들었습니다. 이 책은 크게 입문 편, 초보 편, 탐구 편, 번외 편으로 구성했고, 어떤 사실에 대해 처음 알았을 때, '말도 안 돼!' 하며 깜짝 놀랄만한 에피소드들을 담았습니다. 입문 편은 휘리릭 읽을 수 있는 '10가지 질문'이고, 나머지는 우주 여행에 꼭 필요한 지식을 초보 편집자 도코와의 대화 방식으로 레슨 13개를 준비했습니다. 또 여행 중 한 박자 쉬어 갈 수 있도록 군데군데 흥미로운 내용으로 칼럼 코너를 만들었습니다.

우주 여행을 앞둔 마음이 어떤가요? 왠지 설레지 않나요? 무엇보다 아는 것을 즐기는 마음이 가장 중요하다는 사실을 잊지 마세요. 어깨 힘을 빼고 같이 우주로 여행을 떠나봅시다!

차례

+ **시작하며** 006
  '하루 15분'으로 내 일상이 즐거워지는 우주여행!

+ **우주여행 지도** 014 / **등장인물 소개** 016 / **스토리** 018

초보자들을 위한 기본 상식 10가지
우주에 관한 10가지 소박한 의문

01 지구는 무엇으로 이루어져 있나요? 023
02 태양이 있는 한 에너지는 끊기지 않을까요? 025
03 인류는 다시 달에 갈 수 있을까요? 028
04 '행성'이란 무엇인가요? 지구 말고 다른 곳에도
   생물이 존재하나요? 030
05 영화처럼 지구와 '운석'이 충돌할 수도 있나요? 032
06 천체 관측 어떻게 해요? '별'은 어떤 종류가 있나요? 034
07 '은하수'의 정체는 무엇인가요? 036
08 '블랙홀'은 정말 존재할까요? 038
09 '우주'에 끝은 있나요? 040
10 '외계인'은 정말 존재할까요? 042

지구는 우주 어디쯤 위치할까?
우주의 기본 지식을 익히자!

- 레슨 1 **지구** Earth 046
  장대한 우주, 그리고 '지구가 있는 곳'

- 레슨 2 **달** Moon 057
  가깝고도 깊은 달과 지구의 관계
  └ 칼럼 1 하늘에 달이 두 개 뜬다면… 072

- 레슨 3 **행성** Planet 074
  개성 넘치는 8개 행성의 정체는 무엇일까?
  └ 칼럼 2 9번째 행성은 손바닥 크기의 블랙홀!? 090

- 레슨 4 **항성** Fixed Star 092
  태양과 항성-빛의 비밀, 그리고 인간의 일생
  └ 칼럼 3 스트라디바리우스나 베르메르는 은하와
       어떤 관계가 있을까? 108

- 레슨 5 **은하** Galaxy 110
  2개의 수수께끼를 품고 계속 진화하는 은하
  └ 칼럼 4 당신은 천문학자 타입? 우주비행사 타입? 124

탐구

우주의 비밀에 더 깊이 빠져든다

기초 지식을 장착한 채
우주의 비밀에 한걸음 더!

- 레슨 6 **별이 빛나는 밤** Starry Night 128
  캠핑이 즐거워지는 '밤하늘 이야기'

- 레슨 7 **거대 운석** Huge Meteorite 141
  인류를 위한 5개 비책

- 레슨 8 **달·화성 이주** Settlement of Mars 153
  지구에 살지 못하게 될 날이 머지 않다?
  ┗ 칼럼 5 인간은 대체 왜 우주로 가려는 걸까? 165

- 레슨 9 **외계 행성** Exoplanet 168
  '지구 같은 행성'이 어딘가에 존재할까?

- 레슨 10 **블랙홀** Black Hole 181
  '지구 같은 행성'이 어딘가에 존재할까?

- 레슨 11 **상대성 이론** Theory of Relativity 195
  천재 아인슈타인의 '상대성이론'

- 레슨 12 **우주 그 자체** Universe 207
  '궁극적인 이야기, '우주'의 정체는 무엇일까?

번외 — 누구나 궁금해한다!
'UFO'와 '외계인'

- 레슨 13 UFO와 외계인 E.T. 228
  과학으로 분석하는 'UFO와 외계인'

+ 그후……   246
+ 마치며   248
+ 우주의 역사   250
+ 참고문헌   252
+ 저자·역자 소개   253

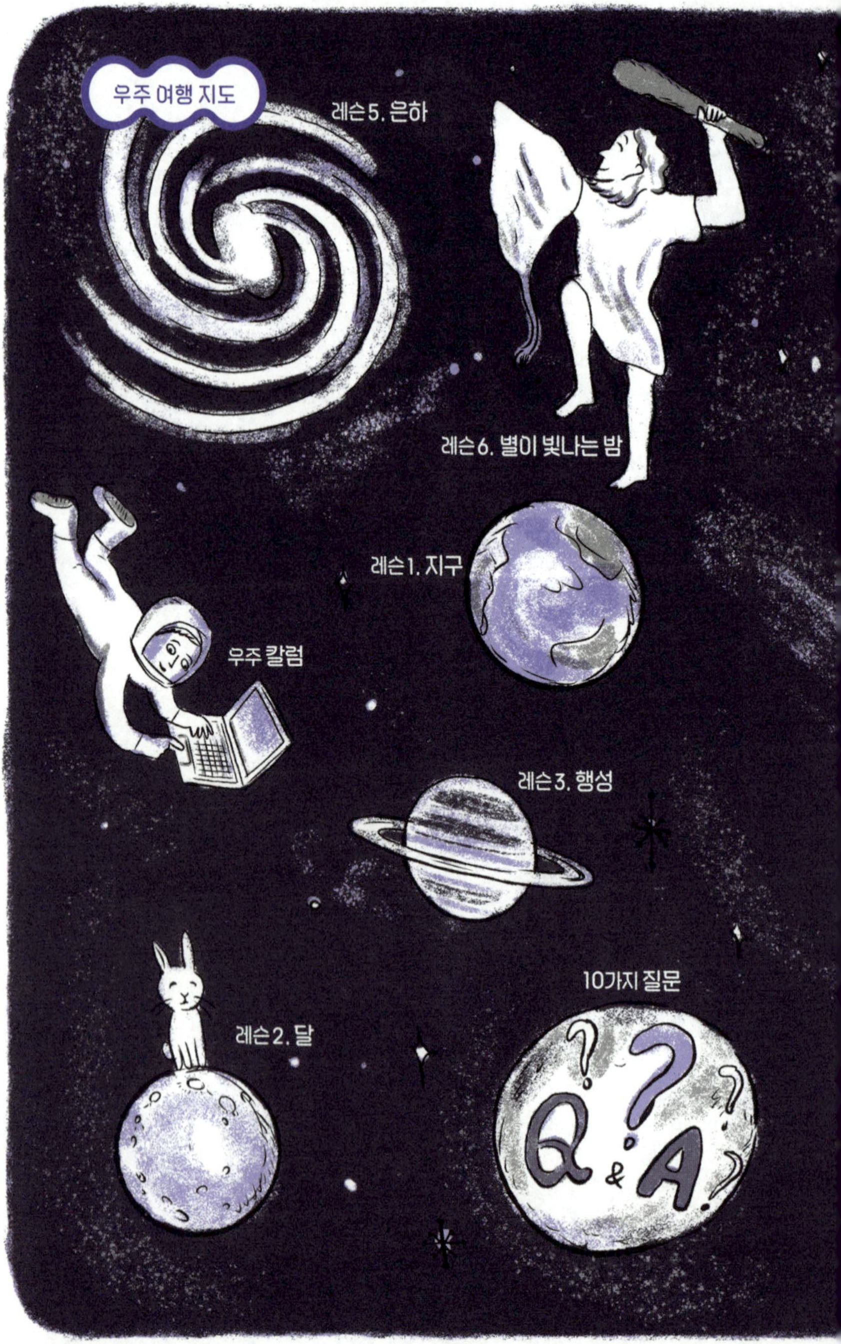

우주 여행 지도

레슨 5. 은하

레슨 6. 별이 빛나는 밤

우주 칼럼

레슨 1. 지구

레슨 3. 행성

레슨 2. 달

10가지 질문

레슨11. 상대성 이론

레슨4. 항성

레슨7. 거대 운석

레슨12. 우주 그 자체

레슨10. 블랙홀

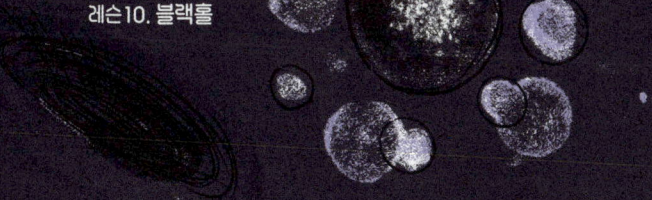

레슨9. 외계 행성

레슨13. UFO와 외계인

레슨8. 달·화성 이주

안내인

이즈쓰 도모히코
도쿄대 우주 박사

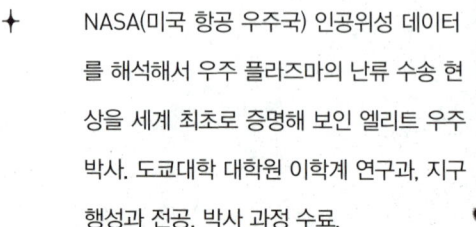

- ✦ NASA(미국 항공 우주국) 인공위성 데이터를 해석해서 우주 플라즈마의 난류 수송 현상을 세계 최초로 증명해 보인 엘리트 우주 박사. 도쿄대학 대학원 이학계 연구과, 지구행성과 전공, 박사 과정 수료.
- ✦ 도쿄대학에서 연구를 마친 후 콜로라도대학의 NASA 인공위성 해석 팀에 들어간다는 이야기가 오갔지만, 결국 사퇴하고 2013년에 고령화 사회가 진행되고 있는 히로시마현 기타히로시마초 게이호쿠 지역으로 이주했다.
- ✦ 지금은 우주비행사 복장으로 TV 방송, 라디오, 신문, YouTube 등 미디어를 통해 우주의 매력을 즐겁게 전하면서 '우주 마을 부흥'에 노력하고 있다.

- 수렵 면허 있음
- 취미는 웨이트 트레이닝이다.

여행자

모치즈키 도코
입사 2년 차 문과 계열 편집자

+ 세상에 눈을 떴을 때부터 책을 좋아했다. 대형 종합 출판사에 입사하며 문예부를 희망했지만, 난데없이 과학 잡지 편집부에 배정되어 우주 페이지를 담당하게 되었다. 뚝심 있는 과학 덕후 편집장 밑에서 울며 겨자 먹기로 매일 업무에 분투하고 있다.
+ 자기긍정감이 낮다. 익숙하지 않은 직장에서 자신감은 점점 바닥을 향해 가고 있다.
+ 취미로 나가본 사회인 독서 모임에서 이즈쓰 박사를 만나 우주 강의를 듣게 되었다.

- 숫자 알레르기, 사서 자격증 있음
- 학생 시절에는 헌책방 고양이손 서점에서 아르바이트를 했다.

재수해서 대학교 문학부에 입학, 졸업할 정도로 도코는 원래부터 문학 덕후였다. 문학 편집자를 꿈꾸며 유명 종합 출판사에 입사했지만, 배정받은 부서는 과학 잡지 《월간 사이언스 제팬》의 편집부. 전임자가 예정보다 빨리 출산 휴가에 들어가는 바람에 1년 연수를 이제 막 마친 도코가 그 자리에 앉게 됐다.

게다가 하필이면 단단한 코어 팬이 있는 인기 우주 코너를 맡게 되었다. 매번 독자를 깜짝 놀라게 할 참신하고 심오한 우주 테마를 찾아오는 것이 도코의 미션이었다. 우주의 '우' 자도 몰랐던 문과생 도코는 요점을 벗어나는 엉뚱한 기획만 제안해서 15년차 과학 덕후 편집장에게 혼나기 일쑤였다.

'애초에 과학에 흥미도 없고 우주가 뭔지도 잘 모르겠고…'라며 골병이 생기려던 찰나, 사회인 독서 모임에서 '도쿄대 우주 박사'로 유명한 이즈쓰 도모히코 박사를 만났다. 의견을 교환하는 자리에서 박사와 쿵짝이 잘 맞은 도코는 자신의 상황을 털어놓았다. 이즈쓰 박사는 "우주에 대해 궁금한 게 있으면 뭐든지 가르쳐 줄게요!"라며 든든한 말을 해주었다. 구세주를 만난 도코는 긍정적인 마음으로 업무에 임하겠다고 마음먹었다.

그후 무슨 일만 생겼다 하면 이즈쓰 박사를 찾는 도코. 우주를 알면 알수록 그 재미와 신비, 장대함에 점점 더 빠져들었다.

입문

초보자들을 위한
기본 상식

우주에 관한
10가지
소박한 의문

우주의 비밀을 말끔하게!
이것만 알면 거의 다 안다!
초보자들이 많이 하는
10개의 질문

최근 들어 관심도가 점점 높아지고 있는 우주.
우주 이벤트나 천체 관측 모임에 나가면 사람들의 관심이
전보다 훨씬 뜨거워진 게 느껴집니다.
한편으론, '궁금하긴 한데 어렵지 않을까?'라며
입문을 주저하는 사람도 많겠지요.
흥미는 있지만 벽이 높아 보인달까요? 만약 그렇다면
최소한으로 알아둬야 할 우주 지식을 익혀보는 게 어떨까요?
조금만 맛봐도, 분명 우주를 더 넓고 깊게 알고 싶어질 거예요.
그게 '우주의 묘미'이니까요! 처음부터 완벽하게 이해하려고
애쓰지 말고, 대충 아는 것부터 시작해보세요.
여기서는 제가 실제로 자주 받는 질문 10개를 추려서
간단하고 알기 쉽게 설명했습니다.

우리가 사는 '지구'는 무엇으로 이루어져 있을까요? 그리고 생물은 언제 탄생했나요?

지구는 '우주에 떠 있는 암석 덩어리'입니다.

무미건조하게 느껴졌다면 조금 더 설명해볼게요. 지구는 이름 자체에 '구(球, 공 구)'가 들어가 있듯이 모양이 동그랗죠. 한때는 '지구 내부는 텅 비어 있고 거기엔 또 다른 종족이 살고 있다'고 상상하기도 했는데, 아쉽게도 지구 내부는 꽉 차 있습니다. 당연히 다른 종족도 없고요.

지구 표면은 '지각'이라는 암석 껍질로 이루어져 있습니다. 지하에는 지각과 다른 암석인 '맨틀'이 있으며 중심부에는 금속인 '핵'이 자리합니다. 달걀의 '껍질'과 '흰자'와 '노른자'를 떠올리면 지구의 모양을 상상하기 쉽습니다.

지구 표면은 약 70%가 '바다'로 덮여 있고, 거기에는 수없이 많은 물고기나 생물이 살아요. 바다를 제외한 나머지는 '육지'인데, 산이나 강, 삼림, 초원 등의 자연이 펼쳐지며 여기에도 많은 생물이 살지요. 우리 인간은 육지에서도 지극히 일부에만 마을을 이루어서 살고 있는 것입니다.

지구상에 최초로 생명이 탄생한 것은 약 40억 년 전으로 추측됩니다. 바다에서 자란 생명은 다양한 종으로 진화하다가 광합성을 하는 종으로도 발달하게 됩니다. 이들 덕분에 산소가 생기고, 우리도 이렇게 살아 있죠. 인간의 생명은 태고의 생명과 긴밀히 연결되어 있는 것입니다.

'생명의 진화'는 '지구의 환경 변화'를 야기했고, '지구의 환경 변화'는 다시 '생명의 진화'에 박차를 가했습니다. 지구와 생명은 서로 영향을 주고받으며 여기까지 걸어왔다고 할 수 있지요. 우주에는 셀 수 없을 만큼 수많은 별이 있지만, 우리가 아는 한 생명이 자라는 별은 지구뿐입니다. 아마 우주를 알면 알수록 지구가 얼마나 귀한 별인지 느껴질 겁니다.

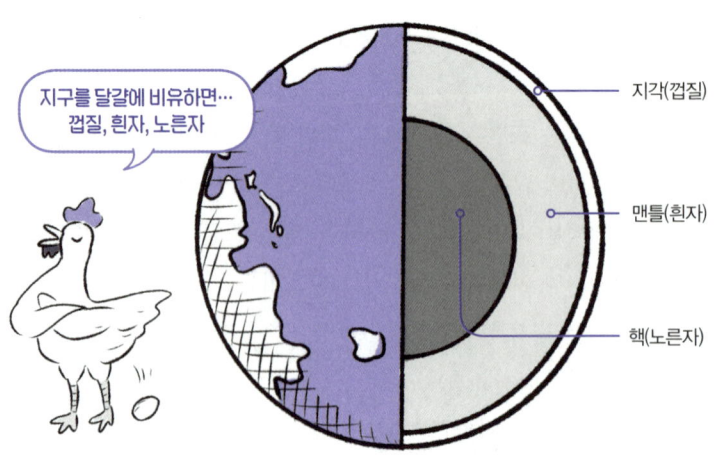

지구를 달걀에 비유하면…
껍질, 흰자, 노른자

- 지각(껍질)
- 맨틀(흰자)
- 핵(노른자)

자세한 내용은 레슨 1로!

우리 생활에 없어서는 안 될 존재, '태양'. 어떻게 그렇게 밝고 따뜻할 수 있을까요? 태양이 있는 한 에너지는 끊기지 않을까요?

'태양'은 지구에 없어서는 안 될 중요한 별입니다.

  태양이 내뿜는 '열'은 대지와 바다뿐만 아니라 우리 몸까지 따뜻하게 해주죠. 태양에서 나오는 '빛'은 지상을 밝게 비춰줄 뿐 아니라 식물이 광합성을 할 때도 꼭 필요합니다. 만약 태양이 사라진다면 지구는 칠흑같이 컴컴한 우주를 떠도는 차가운 암석 덩어리가 되고 말 거예요. 생각만 해도 끔찍하네요.

  사실 태양의 정체는 '가스 덩어리'입니다! '가스'라고 하니 폭신폭신한 이미지가 떠오르겠지만, 태양의 가스는 우리 상상과는 달라요. 대량의 가스가 똘똘 뭉쳐진 것이라 아주 무겁거든요. 태양계에 있는 다른 천체들을 모두 합쳐도 태양 무게의 1%도 되지 않아요.

  이렇게 무거운 태양의 중심부에는 강력한 힘이 작용하고, 거기서 '특수 반응(핵융합 반응)'이 일어나면서 빛이나 열 같은 에너지가 생겨납니다. 단순히 가스에 불이 붙어 활활 타오르는 줄 알았다면 그건 오산이에요.

  그런데 이 반응은 영원히 이어지지 않습니다. 그러니까 태양에는 수명이 있다는 뜻이에요. 현재 46억 살인 태양의 수명은 약 100억 년으로 추측됩니다. 인간계에서는

'100세 시대'라고들 하니까 현재의 태양을 사람에 비유하면 46세 정도라고 할 수 있겠네요.

태양은 나이가 들면서 점점 부풀어 오르다가, 수성과 금성을 꿀꺽 삼켜버릴겁니다. 지구도 그렇게 될지, 간신히 태양의 무시무시한 영향력에서 벗어날 수 있을지에 대한 의견이 분분합니다. 만약 지구가 태양에 삼켜질 운명이더라도, 실제로는 삼켜지기도 전에 지구의 바다부터 증발해버리고 말 것입니다. 우리 같은 생명이 살아남기 위해서는 화성으로 탈출해야 합니다. 그게 현실이 될지 어떨지, 자세한 이야기는 나중에 할게요.

현재는 태양 안에서 일어나는 '특수 반응'을 지상에서 일으키는 연구가 진행되고 있습니다. '핵융합로'나 '핵융합 발전'이라 불리는데, 쉽게 말하면 '지상에 태양을 만드는 연구'라고 할 수 있어요. 이산화탄소나 고수준 방사성 폐기물을 방출하지 않고도 소량의 연료만 있으면 막대한 에너지를 얻을 수 있기 때문에 차세대 에너지 기술로 주목을 받고 있습니다. 우리가 평소에 당연하게 쬐고 있는 태양 빛은 사실 인류가 꿈꾸던 엄청난 구조를 만드는 데도 일조하는 것이죠.

그 유명한 달 착륙에 대해 알고 싶어요. '아폴로 계획' 후 한참이 지났는데 인류는 다시 달에 갈 수 있을까요?

1969년에 인류는 아폴로 11호를 타고 최초로 달에 내려섰습니다. 지금까지 달에 착륙한 사람은 고작 12명이고, 모두 이 '아폴로 계획*1'으로 이루어졌지요. 마지막으로 인류가 달에 내려선 것이 1972년이었습니다. 지금은 '아르테미스 계획*2'을 비롯하여 달을 향한 움직임이 세계 각국에서 활발해지고 있습니다. 앞으로는 인간이 달에 가서 기지를 건설할 예정입니다. 머지않아 달에서 사는 사람도 생기지 않을까요.

그럼 인류가 가려 하는 '달'은 대체 어떤 천체일까요? 한마디로 말하자면 달 역시 '암석 덩어리'입니다. 달의 크기는 지구의 반의반입니다. 지구를 수박이라고 치면 달의 크기는 귤 정도라고 볼 수 있겠네요. 달의 중력도 지구에 비하면 6분의 1밖에 되지 않습니다. 그래서 달에서 물건

*1 _____ 아폴로 계획은 달로 가는 유인 우주 비행 계획으로 NASA가 세웠습니다. 1968년에는 아폴로 8호가 인류 최초로 달 주변을 도는 것에 성공했지요. 1969년에는 아폴로 11호를 타고 인류 최초로 달에 착륙했으며, 인간은 총 6번 달 착륙에 성공했습니다. 우주 개발 역사뿐 아니라 인류 역사에 남을 위업이라고 할 수 있습니다.

*2 _____ 아르테미스 계획은 NASA가 제안하는 달 탐사 프로그램의 총칭입니다. 미국, 일본, 캐나다, 이탈리아, UAE 등 이 책을 쓰고 있는 시점에 40개국이 계획에 참여한 국제 프로젝트입니다. '아르테미스'는 그리스 신화에 등장하는 달과 사냥의 여신으로 아폴로 계획의 유래가 된 태양신 '아폴론'의 쌍둥이 남매입니다.

을 떨어뜨리면 지구보다 천천히 떨어집니다.

달은 지구의 주위를 돌고 있습니다. 재미있는 것은 지구의 주변을 한 바퀴 순회하는 동안 달 자신도 한 바퀴를 빙글 돈다는 사실입니다. 그래서 달은 지구에 항상 같은 앞면을 향하고 있습니다.

달은 스스로 빛나진 않습니다. 태양 빛을 반사해야만 빛이 나죠. 태양, 달, 지구의 위치 관계에 따라 달이 빛을 받는 정도가 달라지기 때문에 우리는 동그랗게 차오른 달, 이지러진 달을 보게 됩니다. 보름달을 보면 밝은 부분과 어두운 부분으로 모양을 만들어진다는 사실을 알 수 있습니다. 한국과 일본에서는 그 모습이 마치 '방아 찧는 토끼' 같다고 하여 예로부터 친숙하게 여겨왔지요. 하지만 아쉽게도 달에 토끼는 없습니다. 달은 공기도 물도 식량도 없는 극한의 환경이라 토끼는커녕 생명체가 도저히 살 수 없어요.

앞으로 달에 기지를 세워 자급자족할 수 있게 된다면 토끼도 살 수 있겠지요. 평소보다 6배나 더 높이 껑충껑충 뛰는 모습을 보고 싶네요.

이제부터는 '달의 시대'다!

자세한 내용은 레슨 2, 8 로!

영화나 SF 소설에 자주 등장하는 '행성'이란 무엇인가요? 지구 말고 다른 곳에도 생물은 존재하나요?

태양과 태양의 중력에 영향을 받아 움직이는 천체를 통틀어서 '태양계'라고 합니다. 그중에서도 크고 둥근 천체를 '행성'이라고 하지요.

태양계에는 수성, 금성, 지구, 화성, 목성, 토성, 천왕성, 해왕성까지 총 8개의 행성이 있습니다. 명왕성도 예전에는 행성 친구였는데, 2006년에 '행성의 정의'가 정해지면서 자격을 잃었습니다.

이중 우주 개발 관점에서 가장 많은 관심을 받는 행성은 '화성'입니다. 현재 활발히 이뤄지고 있는 달 탐사 너머에

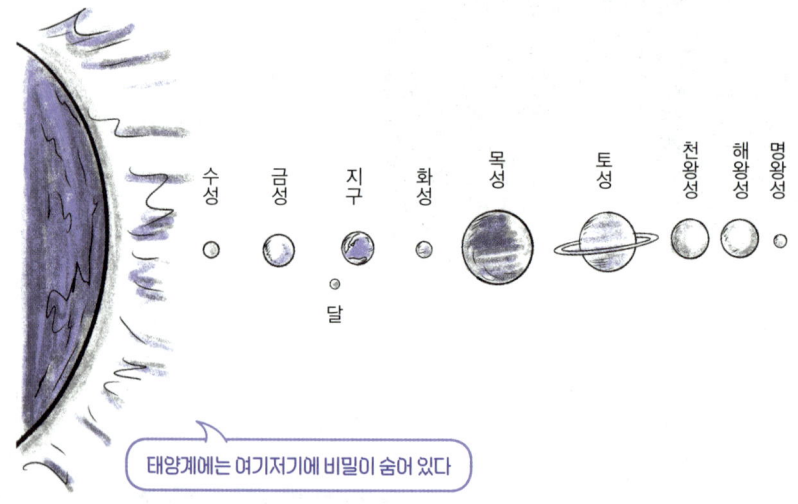

태양계에는 여기저기에 비밀이 숨어 있다

는 '인류의 사상 첫 화성 착륙'이라는 거대한 목표가 있습니다. 화성이 '실전'이고 달은 '리허설'인 셈이죠.

SF 작품에는 고도의 문명이 발달한 '화성인'이 종종 등장합니다. 왠지 문어처럼 생긴 머리를 떠올리는 분들이 많겠지만, 아쉽게도 문어 머리의 화성인은 없습니다. 하지만 태고의 화성에는 드넓은 바다가 있었다고 하니 생명이 존재했을 가능성이 매우 큽니다. 땅 위에는 화석이 굴러다닐 수도 있고, 땅속에는 아직도 미생물 같은 생물이 살아남아 있을 수도 있겠죠.

현재 태양계에 9번째 행성, '플래닛 나인'이 있을 가능성을 놓고 대형 천체 망원경으로 탐색하고 있습니다. 발견하기만 한다면 과학 역사에 남을 대발견입니다.

행성은 태양계 밖에도 존재합니다. 태양계 밖에 있는 행성을 '태양계 외행성'이나 '외계 행성'이라고 부르는데요. 이 외계 행성은 SF 저리 가라 할 정도로 매우 다양합니다. 하지만 지구처럼 생명이 자라는 행성은 아직 발견되지 않았습니다.

지구 말고 다른 곳에도 생명이 존재할까요? 이것이야말로 '인류 역사상 최대의 수수께끼'죠.

자세한 내용은 레슨 3, 8, 9, 칼럼 2

영화 〈아마겟돈〉처럼 가까운 미래에 지구와 '운석'이 충돌할지도 모른다는 이야기를 들은 적이 있는데, 사실인가요?

'운석'이란 '우주에서 지구로 떨어진 암석'을 말합니다. 대부분은 '소행성에서 떨어져 나온 파편'입니다.

'소행성'끼리 충돌하는 일도 있습니다. '소행성'이란 '미처 행성이 되지 못한 암석 덩어리'인데요. '소'라고는 하지만 크기가 수백 킬로미터에 이르는 거대한 것도 있습니다. 작기도 크기도 한 수박이 있는 것처럼 말이지요.

태양계에는 소행성이 우글우글 날아다닙니다. 그중에는 지구 주위를 서성이는 위험한 소행성도 있는데, 간혹 이상 접근을 할 때가 있습니다. 6,600만 년 전에도 지름이 10킬로미터인 소행성이 지구에 충돌한 적이 있습니다. 당시 지구의 주인이었던 공룡을 멸종시킬 정도로 막심한 피해를 초래했지요.

앞으로도 거대 운석이나 소행성이 지구와 충돌하는 일이 일어날까요, 일어나지 않을까요?

한 마디로 답하면 '일어난다'고 할 수 있습니다. '언제 일어나는가', 그리고 '어떻게 대처하는가'가 관건이겠지요. 현재 전 세계의 관측소에서 위험한 소행성을 감시하고 있습니다. 현시점에 파악된 범위 내에서는 충돌 확률이 높은 소행성은 없습니다. 하지만 관측망을 뚫는 소행성도 있으니

거대 운석이 지구에
충돌할 가능성은 '있다'

100% 안심할 수는 없죠. NASA도 참가하는 '지구 방위 회의'에서는 소행성 충돌과 관련된 구체적인 대책안을 검토하고 있습니다.

자세한 내용은 **레슨 7** 로!

천체 관측을 해보고 싶은데, '별'에는 어떤 종류가 있나요? 그리고 관측할 때 추천하는 것이 있다면 알려주세요.

밤하늘을 수놓은 '별'에도 여러 가지 종류가 있습니다.

많은 사람이 별이라고 하면 밤하늘에 반짝이는 것을 떠올리는데, 그것을 '항성'이라고 합니다. 단어가 주는 느낌은 왠지 딱딱하지만 의미는 아주 단순합니다. 밤하늘에서 위치가 변하지 않는다고 해서 '항성'이라고 합니다. 위치가 고정되어 있기 때문에 별과 별을 이어서 '별자리'를 만들 수 있습니다.

한편 '행성'은 각자 자기만의 페이스로 태양 주변을 돌기 때문에 항성과 달리 밤하늘을 이리저리 '떠돌아다니듯' 위치가 바뀝니다. '행성(플래닛)'은 그리스어 '플라네테스'에서 왔는데, '배회하는

천체 관측을 더 잘 즐기는 방법은?

자'를 뜻합니다. 누가 이름을 붙였는지 관찰력과 작명 센스가 엿보이죠. 지상에서는 수성, 금성, 화성, 목성, 토성까지 총 5개의 '행성'을 육안으로 볼 수 있습니다.

그밖에는 빗자루처럼 긴 꼬리가 보인다고 해서 일본에서는 '빗자루 별'이라고 불리는 '혜성', 밤하늘에 한순간 반짝 빛나는 '유성'(별똥별)도 유명합니다. 모든 별이 다 매력적이지만, 천체 관측을 계획하고 있다면 유성을 추천합니다! '소원을 3번 되뇌면 이루어진다'라는 행운의 속설이 있기 때문이지요(어떻게 수원이 이루어지는지는 나중에 설명할게요).

유성을 보고 싶다면 하룻밤에 몇천, 몇백 개나 되는 별이 '유성군'을 이루어 떨어지는 날을 고르면 좋습니다. 특정 장소를 가만히 응시하는 게 아니라, 시야를 넓히고 초점을 분산시켜 바라봐야 유성을 포착하기 쉽습니다.

만약 천체 망원경이 있다면 은하수 안에 있는 '백조자리'의 항성 '알비레오'를 찾아보세요. 푸른색과 노란색 별 2개가 나란히 있어서 정말 아름다워요. 미야자와 겐지는 동화 《은하철도의 밤》에서 이 두 개의 별을 사파이어와 토파즈에 비유했습니다.

최첨단 연구에서는 우주 최초로 생긴 별 '퍼스트 스타(초대성)'를 관측하려고 천문학자들이 열띤 경쟁을 벌이고 있습니다. 낭만적이지 않나요!

자세한 내용은 **레슨 6** 으로!

견우와 직녀 이야기에서 유명한 '은하수'의 정체는 무엇인가요?

'은하수', '은하'는 '수많은 별이 모인 천체'입니다.

옛날 옛적 사람들이 '여름 밤하늘에 걸린 희끄무레한 것'을 강에 빗대어 '은하수'나 '은하'라고 이름 붙였습니다. 은하에는 대략 100억부터 1,000억 개의 별이 있는데, '몇 개 이상이 모이면 은하다'라는 명확한 규정은 없습니다. 지구를 포함해 태양계가 소속된 은하는 다른 은하와 구별해서 '우리 은하'나 '은하계'라고 부릅니다. 우리 은하에는 별들이 소용돌이치듯 줄지어 있고, 태양계는 그 중심에서 벗어난 장소에 위치합니다.

은하수가 '무수히 많은 별의 모임'이라는 사실을 발견한 사람은 그 유명한 갈릴레오 갈릴레이입니다. 17세기 초에 갈릴레오는 망원경을 직접 만들어서 세계 최초로 밤하늘을 관찰했습니다. 갈릴레오는 은하수의 정체를 밝혀냈을 뿐만 아니라 지구를 중심으로 천체가 돈다는 '천동설'을 부정하고, 태양을 중심으로 천체가 돈다는 '지동설'을 뒷받침하는 증거도 발견했죠. 천체 망원경의 발명으로 지구는 우주의 중심이 아니라는 사실이 밝혀진 것입니다. 18세기에 천왕성을 발견한 허셜은 우리 은하의 별들이 원반처럼 분포하고, 태양도 그중 하나라는 사실을 밝혀냈습니다. 지구에 특별한 존재인 태양은 우리 은하에 있는 항성 중 하나일 뿐이라는 것이지요.

고작 100년 정도 전까지는 우리 은하가 우주의 전부였습니다. 하지만 20세기에 허블이 우리 은하 바깥에 있는 다른 은하를 발견하면서 우리 은하는 여러 은하 중 하나에 불과하다는 사실까지 밝혀졌습니다. 인류는 우리 은하의 정체를 찾아내려고 갖은 노력을 쏟으며 우주관을 크게 넓혀 왔습니다.

그후 허블의 이름을 딴 '허블 우주망원경'이나 '스바루 망원경' 등 고성능 천체 망원경을 사용해서 우주에는 매우 다양한 은하가 있다는 사실, 그리고 모든 은하는 '블랙홀'이나 '암흑 물질(dark matter)' 등 우주과학 최대의 수수께끼와 깊은 연관이 있다는 사실을 밝혀 왔습니다. 앞으로도 은하를 연구하면서 우리의 우주관은 더 진보하겠지요.

'은하수'를 알면 우주관이 크게 바뀐다

자세한 내용은 레슨 5 로!

입문 | 우주에 관한 10가지 소박한 의문

'블랙홀'은 정말 존재할까요? 만화 '도라에몽'에 나오는 '어디로든 문'처럼 순간 이동을 할 수 있다고 들었는데…….

'블랙홀'은 '너무나도 강한 중력 때문에 빛조차도 빠져나갈 수 없는 천체'입니다.

빛도 빠져나가지 못하기 때문에 겉에서 보기에는 새까 맣습니다. 마치 우주에 구멍이 뻥 뚫린 것처럼 보인다고 해서 블랙홀이라고 부릅니다. '천체'라고는 해도 지구처럼 내려서 설 수 있는 표면이 있는 것은 아니에요. 그냥 '여기부터는 블랙홀이다'라는 '경계'가 있습니다. 그 경계를 넘어서면 두 번 다시 빠져나올 수 없지요.

매우 강력한 블랙홀의 중력은 여러 가지 불가사의한 현상을 일으킵니다. 예를 들어 블랙홀에 가까이 다가가면 시간의 흐름이 바뀌어 마치 멈춘 듯 보입니다. 블랙홀 속으로 들어가면 다른 장소로 순간 이동을 한다는 이야기도 있습니다. 그곳이 이 우주에서 멀리 떨어진 곳인지, 아니면 다른 우주일지는 아무도 모르지요. 이렇게 기묘한 일이 정말 실제로 일어나는 걸까요? 별이 휘말려 빙글빙글 돌아가는 모습을 보고 블랙홀의 존재가 확인되었습니다. 2019년에는 그 모습을 직접 촬영하는 데 성공했다는 발표로 세상이 떠들썩하기도 했지요.

블랙홀 이야기만 해도 책 한 권이 나올 정도입니다. 그렇게 매력적인 블랙홀에 과연 우리 지구인들만 흥미를 느낄까요? 블랙홀은 발전 효율이 높고 적은 연료로도 큰 에너지를 끌어낼 수 있기 때문에, 혹시라도 어마어마한 고도의 문명을 가진 외계인이 있다면 블랙홀 주변에 도시를 만들어서 살고 있을지도 모릅니다.

이론적으로도 관측적으로도 연구가 한창 진행 중인 블랙홀. 그 신비로움에 자꾸만 이끌리듯 여러 의미로 '끌어당기는 힘이 강한' 천체 중 하나입니다.

무엇이든 빨아들이는 '블랙홀'은 수수께끼투성이!

자세한 내용은 **레슨 10, 11** 로!

'우주'는 어디까지 이어지나요? 그 끝은 있나요?

우주에 '끝(가장자리)'이 있는지 없는지는 현대 과학으로는 아직 답을 구하지 못했습니다.

우리가 관측할 수 있는 우주 범위에는 한계가 있습니다. 빛이 1년 동안 이동하는 거리를 '1광년'이라고 하는데, 이 단위를 사용하면 우리는 지구에서 약 465억 광년 떨어진 우주까지만 관측할 수 있습니다. 실제 우주는 우리가 관측할 수 있는 범위보다 몇 억, 몇 조 배를 뛰어넘어 훨씬 더 멀리까지 펼쳐져 있을 것으로 추정되고요. 한계가 있을지도 모르고, 무한히 펼쳐져 있을지도 모르지요. 다시 말해 우주는 '끝이 있는 어떠한 형태'일 수도 있고, '끝없이 이어진 공간'일 수도 있습니다. 단지 아무리 용을 쓰더라도 우리 눈으로 보고 확인할 수는 없습니다.

아이러니해 보이지만 '한계가 있다'와 '끝이 없다'가 공존하는 경우도 생각해볼 수 있습니다. 철학자가 말 했을 법한 표현 같죠. 한계가 있다는 것은 가장자리가 있다는 말 같은데…… 대체 무슨 뜻일까요? 알기 쉽게 지구를 예로 들어 보겠습니다. 당연하지만 지구의 공간은 한정되어 있습니다. 하지만 바다 위를 배 타고 지구를 여행하는 경우는 어떠한가요? 계속 여행하다 보면, 지구를 빙글빙글 돌게 되죠. 다시 말해 '지구라는 한계는 있지만 끝은 없다'라고 볼 수 있습니다. 우주도 그런 방식으로 생각해 볼 수 있죠. '지구를 출발해서 우주선을 타고 여러 별을 돌다가 은하까지 돌아서 한없이 먼 곳까지 간 줄 알았더니, 어느새 출발 지점인 지구로 돌아와 있었다'라는 일이 가능하다는 것이지요.

우주에 끝이 있는지, 우주는 어떤 모양을 하고 있는지, 또 애초에 우주는 어떻게 생겨난 것인지……. 우리 인류는 이 '우주의 궁극적인 비밀'을 어디까지 밝혀낼 수 있을까요?

지구에 '한계'는 있지만 '끝'은 없다. 그럼 우주는?

자세한 내용은 **레슨 12** 로!

UFO의 존재를 확인하기 위해 NASA가 나섰다는 이야기를 들었습니다. 외계인은 정말 존재할까요?

분명히 말하지만 외계인은 있습니다!

왜냐하면 우리가 바로 드넓은 우주에 살고 있는 외계인이잖아요. 이런 답을 기대한 건 아니겠지요(웃음). 지구 이외의 장소에 인간과 같은 생물이 존재할까요? '외계인'을 'UFO', '외계 생명', '외계 지적 생명'으로 나눠서 대답해보겠습니다.

먼저 못을 박아 두지만 UFO는 존재합니다. 왜냐하면 UFO는 '미확인 비행 물체'니까요. UFO가 외계인의 이동 수단인지 묻는다면, 현재 과학적 증거는 없다고 답할 수 있습니다. 과거에 대규모 조사를 실시했고, 목격된 UFO 가운데 94%는 '착각'이었다는 결과가 나왔습니다. 대부분은 비행기나 천체를 UFO로 잘못 본 것이었습니다. 하지만 2023년 NASA는 UFO 연구 책임자와 연구원을 임명해 데이터를 수집하고 분석하겠다고 발표했습니다. 앞으로 세상을 깜짝 놀라게 할 만한 사실이 발견될지도 모를 일입니다.

이번에는 외계 생명에 대해 답해보겠습니다. 외계 생명을 정확히 정의해보면 '지구 말고 다른 장소에 사는 생물'이지요. 사실 외계 생명은 태양계 안에도 존재할 가능성이 있습니다. 화성, 목성의 위성인 '유로파', 토성의 위성인 '엔셀라두스'를 후보지로 생각할 수 있겠네요.

마지막으로 대망의 외계 지적 생명. 인간처럼 고도의 지식을 갖춘 생명, 그러니까 우리가 흔히 말하는 외계인은 과연 존재할까요? 여러 가지 설이 있는데, 학자마다 견해가 갈립니다. 천문학적으로 봤을 때 우주에는 어마어마한 수의 별이 있으니까 '그중 하나쯤에는 외계인이 존재하지 않을까?'라는 생각이 들기도 합니다. 하지만 생물학적 관점으로 보면, 생명은 우주 내 지구에서만 발견되었고, 애초에 지구에 생명이 어떻게 생겨났는지도 베일에 싸여 있습니다. 만약 지구 밖에 생명이 존재한다 하더라도 지적 생명으로 진화하기란 쉽지 않으니 '외계인은 없지 않을까?'라고도 생각할 수 있습니다.

외계인 문제를 과학적 시점으로 파헤치려고 하면 그 깊이가 어마어마합니다. 생물, 화학, 물리학, 천문학, 우주론 등등, 온갖 분야의 지견을 총동원해서 그 대답을 찾는 연구가 이루어지고 있습니다.

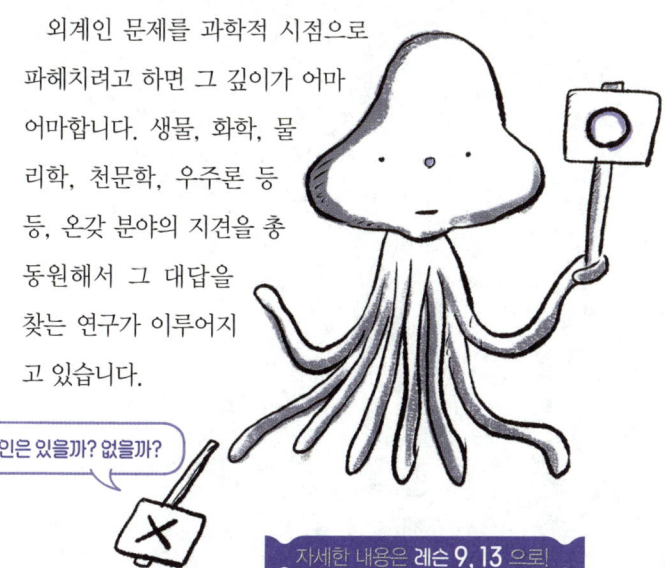

'외계인은 있을까? 없을까?'

자세한 내용은 **레슨 9, 13** 으로!

지구는 우주 어디쯤 위치할까?

우주의 기본 지식을 익히자!

장대한 우주, 그리고 '지구가 있는 곳'

시야를 넓혀 지구를 내려다보면…

입문 편에서는 준비 운동 느낌으로 '초보자들이 많이 하는 10개의 질문'(이하 10개의 질문)을 알아봤어요. 오늘부터는 우주에 대한 기본적인 지식을 조금씩 이야기해볼게요.

> 저희 편집장님이 평소에 들려주시는 이야기는 도저히 따라가질 못하니까 살살 부탁드릴게요.

그럼 도코 씨가 궁금한 것부터 이야기해보죠. 지금 제일 알고 싶은 게 뭔가요?

> 음, 지구와 우주의 관계가 궁금해요. 한 번은 회사에서 일에 시달리다가 기분 전환으로 구글맵을 켜서 계속 줌아웃을 해 봤거든요. 마치 하늘로 날아오른 새의 입장에서 제가 있는 곳을 내려다보니까 재미있더라고요. 문득 '이 드넓은 우주 안에서 지구는 대체 어느 위치에 있는 어떤 별일까?' 하고 궁금해졌어요.

'내가 어디에 있느냐'를 자세히 아는 건 정말 중요한 일이죠. 그럼 지구에서 시작해서 범위를 점점 넓혀 볼게요. 우주 전체가 다 보이는 곳까지 벗어나면 놀라운 광경이 펼쳐질 겁니다.

어떤 광경일지 살짝 기대되네요.

지구는 '거대한 자석'

쉽게 말하면 지구는 '암석 덩어리'입니다. 하지만 전부 암석으로 이루어진 건 아니고, 중심에는 금속이 있어요.

네. 10개의 질문 중 1번 질문에도 나왔지만 달걀의 '껍질', '흰자', '노른자'처럼 암석의 '지각'과 '맨틀', 그리고 금속인 '핵'이 있잖아요.

네, 바로 그겁니다! 금속인 핵은 수천 도에 이를 정도로 온도가 높은데, 바깥쪽은 액체이고 안쪽은 고체로 이루어져 있어요. 액체 부분은 아주 천천히 움직이고요.

영화 〈터미네이터2〉의 마지막 장면에 나오는 용광로처럼 지구 내부에는 액체로 된 금속이 꿀렁꿀렁거리고 있는 건가요?

맞아요. 액체로 된 그 금속이 움직이면서 강력한 자장이 발생하죠. 이걸 '지자기(地磁氣)'라고 부릅니다. 방위 자석이나 스마트폰의 자기 센서는 이 지자기에 반응하죠.

지구는 '암석 덩어리'이자 '거대 자석'이군요.

'지구가 자석이라는 사실'은 우리에게 매우 중요합니다. 우주에는 '우주방사선'이라고 해서 세포에게 해를 입히는 위험한 입자나 전자파가 떠돌아다니거든요. 지자기는 지표로 쏟아지는 우주방사선이 줄어들도록 '방어벽' 역할을 하고 있어요.

두 종류로 회전을 하는 지구

지구는 우주 공간에 단순히 둥둥 떠 있기만 할까요? 사실은 두 종류로 회전을 하고 있어요. 하나는 '자전'입니다. 북극과 남극을 연결하는 축(지축)을 중심으로 24시간 동안 한 바퀴를 빙글 돌죠. 이 기간을 '1일'이라고 하고요.

> 요즘엔 하루가 눈 한 번 깜박하면 휙 지나가버리던데 조금만 천천히 돌아주지.

사실 옛날에는 자전 속도가 더 빨랐어요. 이래 봬도 많이 느려진 거죠. 그 이유는 다음 '레슨 2'에서 이야기하죠. 지구는 자전하면서 동시에 태양의 주위도 돌고 있어요. 이걸 '공전'이라고 하는데, 약 365일 동안 한 바퀴를 돌면 '1년'이 돼요.

> 지구는 스스로 빙글빙글 돌면서 무대 전체를 크게 한 바퀴 도는 게 꼭 발레리나 같네요. 그렇게 해서 1일이나 1년이라는 리듬이 만들어진다는 거군요.

'양파의 얇은 껍질' 너머로 펼쳐지는 우주!

여기서 잠깐 심호흡을 해볼까요.

> 네. (후…… 하……) 왠지 마음이 차분해지는데요. 근데 갑자기 웬 심호흡이에요?

방금 심호흡을 해서 알겠지만 지구는 공기에 둘러싸여 있죠. 지상에서 얼마나 떨어지면 공기가 없는 '우주'가 될까요?

> 우와. 전혀 예상이 안 가요. 한 100만 킬로미터 정도?

그러면 달을 지나쳐버리는데요? 보통은 비행기가 고도 10킬로미터 상공에서 다니죠. 그보다 살짝 높은 고도 100킬로미터 이상이 우주에 해당되고요.

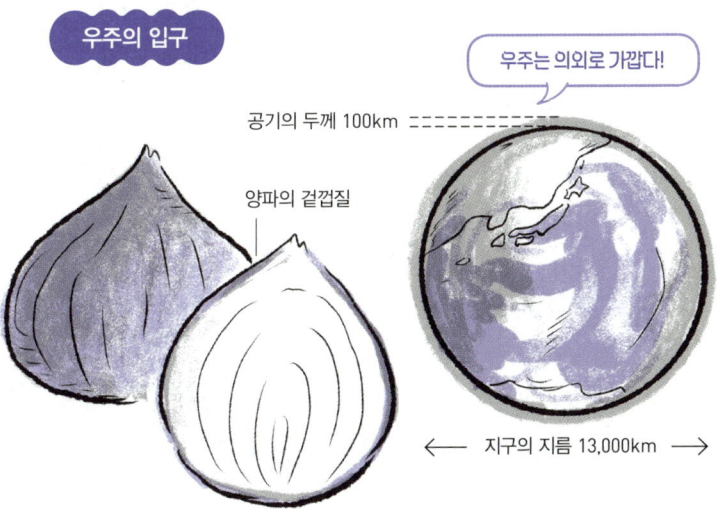

우주의 입구

우주는 의외로 가깝다!

공기의 두께 100km

양파의 겉껍질

← 지구의 지름 13,000km →

> 겨우 그것밖에 안 된다고요? 드라이브 나가면 금방 나오는 거리인데요.

지구의 지름이 약 1만 3,000킬로미터거든요. 지구를 양파라고 생각하면, 지구를 둘러싼 공기의 두께는 '양파의 얇은 겉껍질' 정도라고 볼 수 있죠.

> 생각보다 훨씬 더 가까이에 우주가 있었네요! 그럼 정확히 100킬로미터 되는 지점에 우주와의 경계선 같은 게 딱 나뉘어 있는 건가요?

경계가 분명히 나뉘어 있는 건 아니에요. 공기는 지상에서 멀어질수록 차츰 희박해지고, 고도 100킬로미터 정도까지 올라가면 거의 없으니 국제항공연맹에서 그곳을 '우주의 입구'로 정한 거죠.

> 100이면 숫자가 딱 떨어지니까 외우기는 쉽네요.

고작 100킬로미터밖에 되지 않는 두께로 공기는 자외선이나 우주방사선으로부터 지표의 생물을 지키는 '방어벽' 역할을 하고 있어요.

> 우와! 공기도 지자기도 아기를 감싸는 양수처럼 지구 위의 생물을 지켜주고 있었던 거군요!

태양계의 명당 자리에 있는 지구

이제 지구에서 나와 주위를 둘러보죠. 지구 주변에는 태양, 달, 행성 등 여러 천체가 있어요. 이들을 통틀어 '태양계'라고 하죠. 태양계에는 총 8개의 행성이 있고요.

> '수금지화목토천해' 말씀하시는 거죠? 초등학생 때 주문처럼 외웠어요.

맞아요. 8개 행성의 머리글자를 태양부터 가까운 순서대로 따서 나열한 거죠. 알고 있는 대로 수성, 금성, 지구, 화성, 목성, 토성, 천왕성, 해왕성이고요.

> 그럼 지구는 태양에서 세 번째로 가까운 행성이겠네요.

지구는 태양에서 1억 5,000만 킬로미터 떨어져 있어요. 수치로 들어봤자 감이 잘 안 잡힐 텐데, 이게 아주 절묘한 거리에요. 태양에서 너무 가깝지도 멀지도 않아서 지구가 바다를 유지할 수 있거든요. 태양에 더 가까웠다면 바다는 싹 다 말라버릴 테고, 멀어지면 얼어버리니까.

> 인간관계처럼 너무 가깝거나 멀지 않도록 적당한 거리감을 지키는 게 중요하군요.

거리감이 정말 중요해요. 상상을 초월할 만큼 드넓은 태양계에서 물 없이 살지 못하는 생명에게 지구는 더할 나위 없는 최상의 위치에 자리잡은 거죠.

> 지구가 있는 곳이 바로 태양계의 명당 자리군요. 괜히 횡재한 기분이네요.

'우리 은하' 속 지구의 위치는?

태양계를 나와서 내려다보면, 우리 태양계는 '우리 은하'라는 은하 안에 있다는 걸 알 수 있어요. 우리 은하에는 약 2,000억 개나 되는 항성이 있거든요. 그중 하나가 태양이고요.

2,000억 개요!? 그렇게나 많은 별이 있다고요?

이 별들은 마치 소용돌이가 휘몰아치는 듯한 모양을 만들어내며 늘어서 있어요. 태양계는 우리 은하의 중심부에서 벗어난 곳에 있고요. 우리 은하를 손바닥에 비유하면 태양계의 위치는 손목 첫 번째 주름에서 위로 3cm 정도 위에 자리하고 있어요.

아하. 은하의 중심에서 살짝 떨어진 변두리 지역에 있군요.

은하 안에 존재하는 '이웃 주민'

이제 우리 은하를 나와 주변을 둘러보면, 우주에는 우리 은하 말고도 수많은 은하가 존재한다는 걸 알 수 있을 거예요. 은하와 은하가 어느 정도 가까이 있으면 중력으로 서로 잡아당겨 집단을 만들어내죠.

오호라. 은하들끼리 이웃을 형성하는 건가요.

맞아요. 은하의 수가 적으면 '은하군', 많으면 '은하단'이라고 해요. 우리 은하는 50개 이상의 은하가 모여 있어서 '국소은하군'이라는 은하군으로 분류되고요. 참고로 우리 국소은하군 옆집인 '처녀자리 은하단'에는 은하가 3,000개 이상이나 모여 있어요.

우리 이웃에 그렇게 많은 세대가 있다니요.

더 멀리 나와서 보면, 은하군이나 은하단이 나란히 이어지면서 '초은하단'을 형성해요. 우리가 있는 '국소은하군'은 이웃인 '처녀자리 은하단'과 묶여서 '국소초은하단'이라는 초은하단에 들어가죠.

> '은하단'이 끝인 줄 알았더니 이번엔 '초은하단'이요? 이웃 주민들까지 다 묶어서 지역 커뮤니티가 만들어지는 것 같네요.

이 국소초은하단은 그보다 100배 큰 '라니아케아 초은하단'에 포함되고요.

> 대체 어디까지 이어지는 건가요. 은하는 상당한 마당발이군요.

뇌의 신경세포 같은 '우주 거대 구조'

더 멀리 떨어져서 우주 전체를 다 내려다볼 수 있는 곳까지 날아가볼까요. 여기가 종착점이에요. 여기에서 내려다보면 무수한 은하는 우주 전체에 뿔뿔이 흩어져 있는 게 아니라 특징적인 모양을 만들어낸다는 사실을 알 수 있어요. 우주는 은하단이나 초은하단처럼 은하가 모여 있는 부분, 그리고 은하가 전혀 없는 부분으로 나뉘죠.

> 지구가 도시 지역과 산간 지역으로 나뉘는 것처럼 우주에도 은하 밀집지와 과소지가 있다는 건가요!?

맞아요. 은하가 없는 구역은 은하가 만들어내는 띠로 둘러싸여 있어요. 이걸 '우주 거대 구조'라고 하고요. 비누 거품이 서로 붙어 있는 것처럼 보인다고 해서 '거품 구조'라고도 불러요. 우주에서 가장 큰 구조물이죠.

> 오오, 굉장히 기묘한 광경이네요!

재미있는 사실은 '은하가 늘어서 있는 모양이 꼭 뇌의 신경세포와 닮았다'라고 지적한 논문이 있어요.

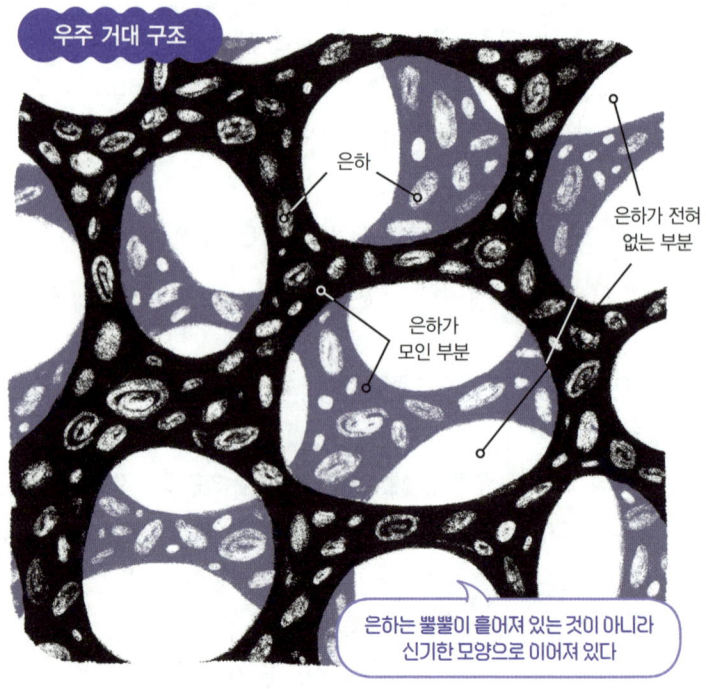

은하가 뇌의 신경세포와 닮았다뇨······. 설마 우주가 거대한 생물의 뇌인 건 아니겠죠?

하하하. SF 소설 한 편이 뚝딱 만들어질 정도로 엄청난 이야기네요.

우주 속 '지구의 주소'는······

박사님, 우리 꽤나 먼 곳까지 왔어요. 무사히 지구로 돌아갈 수 있을까요?

그럼 넓은 시야에서 우주 속 지구의 위치를 정리해볼까요?

예, 부탁드립니다!

우주에는 수많은 은하가 만들어내는 '우주 거대 구조'가 있어요. 그 안에는 은하가 밀집한 초은하단이 있고요. 그중 하나인 '라니아케아 초은하단' 안에 '국소초은하단'이 있고, 그 안에 '국소은하군'이 있고요. 거기에는 은하가 수십 개 있고요.

그중 하나가 '우리 은하'이고, 우리 은하의 변두리 지역에 태양계가 있고, 태양계의 명당자리에 지구가 있다는 거네요. 우리는 공

신경세포 이미지

왠지 닮았다!?
'은하'의 구조와 '뇌의 신경세포'의 구조

초보 | 우주의 기본 지식을 익히자!

> 기와 지자기의 보호를 받으며 빙글빙글 돌아가는 지구 위에서 하루하루 살고 있는 거고요.

바로 그거예요!

> 정말이지 우주는 장대하네요. 스케일이 너무 커서 제 존재가 평소보다 더 미미하게 느껴져요…….

우주와 비교하면 어떤 인간이든 '무존재'나 마찬가지죠. 하지만 그렇게 보잘것없어 보이는 우리 인간이 우주의 거대한 구조까지 생각해낼 수 있다는 게 정말 대단한 거 아닐까요?

> 그러네요! 광활한 우주는 '보잘것없는 인간의 존재'를 느끼게 해주면서 동시에 '무궁무진한 인간의 가능성'도 알려주네요. 이제 슬슬 다른 이야기들도 기대되는데요!

그럼 다음에는 우리 지구바라기 '달'에 대해 이야기해보죠.

레슨 1 총정리

+ 지구는 암석인 '지각'과 '맨틀', 금속인 '핵'으로 이루어진 계란 구조로 되어 있다.
+ 금속인 핵의 액체 부분이 느릿느릿 움직이면서 지자기가 발생한다. 지자기나 공기는 지구의 생물을 지켜준다.
+ 지상에서 100킬로미터 떨어진 상공으로 올라가면 공기가 거의 없어지며 '우주의 입구'다.
+ 지구는 라니아케아 초은하단 – 국소초은하단 – 국소은하군 – 우리 은하 – 태양계에 있다.

레슨 2 · 달 Moon
만약 달이 생겨나지 않았다면 지구는 다른 세계였다!?

가깝고도 깊은 달과 지구의 관계

'지구와 달'의 관계, 과학적 사실을 알고 나면 달이 180도 달리 보인다!

이번에는 익숙한 천체 중 하나인 '달'에 대해 공부해보죠.

> 달은 보기만 해도 힐링이죠. 하지만 막상 '달의 표면이 어떻게 생겼지?', '그런데 달은 왜 있더라?' 하면서 생각해보니 모르는것투성이더라고요. 어릴 때부터 친숙한 천체인데도요.

너무 익숙하고 당연해서 오히려 아는 게 하나도 없는 경우가 종종 있죠.

> 그러고 보니 매일 만나는 편집장님의 진짜 얼굴은 아무도 모르겠네요.

달은 딱히 지식 없이 바라보기만 해도 즐겁지만, 과학적인 사실을 알면 180도 다르게 보일 거예요. 오히려 더 로맨틱하게 느껴질지도 모르겠네요.

> 우와, 과학에 로맨틱이라니……. 매치가 전혀 안 돼서 괜히 더 궁금해지네요. 빨리 알려주세요!

초보 | 우주의 기본 지식을 익히자!

사실 달은 그렇게 멀지 않다!?

먼저 달의 '기본 스펙'부터 이야기해볼게요.

들을 준비 됐습니다!

달은 주로 '암석'으로 이루어져 있어요. 지구처럼 중심부에는 '금속 핵'이 있는 것 같은데, 그 양은 아주 적어요. 달은 지구의 4분의 1 정도로 그 크기가 작고, 무게도 80분의 1 정도로 가벼워요. 우주에서는 무게가 무거울수록 중력이 강해지기 때문에 달은 지구의 강한 중력에 이끌려서 딴 곳으로 튀지 않고 지구 주변을 돌고 있는 거죠.

지구의 중력이 달을 붙들고 있는 거군요.

달이 지구를 한 바퀴 돌려면 약 1개월이 걸리죠[*3]. 달이 지구를 한 바퀴(공전) 도는 동안 스스로도 한 바퀴(자전) 돈다는 게 또 재미있는 포인트고요.

그래서 달은 지구 쪽으로 항상 앞면을 향하고 있군요. 늘 겉으로 드러나는 얼굴만 보여주고 속마음은 꽁꽁 숨기는 게 낯가림이 심한 타입인가 봐요. 왠지 친근감이 생기는 걸요.

달은 우리가 보기에 태양만큼 크게 보이는 데다가 지구에서 가장 가까운 천체라서 그런지 사람들이 익숙하게 느끼는 것 같더군요. 지구에서 달까지 거리는 약 38만 킬로미터 정도예요.

[*3] 달이 지구를 도는 공전 주기는 약 27.3일이고, 달이 차고 이지러지는 주기(신월에서 다음 신월이 될 때까지 걸리는 일수)는 약 29.5일이라서 원래는 이틀 정도 차이가 납니다. 신월이 된 달이 지구를 한 바퀴 도는 동안 지구도 태양을 돌면서 살짝 움직이기 때문에 이를 따라잡기 위해 달이 약 이틀만큼 더 움직여서 신월로 돌아갈 수 있는 것입니다.

'우주의 입구'까지 100킬로미터인 걸 보면 꽤 먼 거리네요.

인류는 '아폴로 계획'으로 처음 달에 착륙했고, 현재는 다시 달에 가서 역사상 최초로 월면 기지 건설을 세우고자 '아르테미스 계획'을 진행하고 있어요. 가벼운 마음으로 오갈 정도의 이웃은 아니지만, 또 엄청나게 먼 거리는 아니죠.

음, 집순이인 저에게는 전부 다 멀어요.

도코가 멀다고 느끼는 달은 사실 중력으로 지구에 영향을 주고 있어요. 쉬운 예로 '조수간만의 차'를 들 수 있죠. 해수면은 달의 중력에 영향을 받아서 높아지기도 하고 낮아지기도 합니다*4. 그밖에는 지구 내부의 암석에 영향을 준다고 해서 '지진'과의 연관 설도 나온 적이 있는데, 인과 관계는 아직 연구 중이에요.

오호, 달이 지구의 바다에 영향을 준다고 생각하면 그렇게 먼 거리는 아닌가 봐요. 달과 지구는 중력으로 이어져서 서로 영향을 주고받고 있었군요. 보이지 않는 실로 연결되어 있는 인연처럼요.

'태양', '지구', '달'의 위치 관계로 알 수 있는 '3개의 사실'

지구의 주위를 도는 달에 '태양까지 더해서 태양, 지구, 달의 위치 관계를 살펴보죠. 다음 그림에서 볼 수 있듯, 위치 관계를 따지면 다음과

---

*4 _____ 조수간만의 차는 태양의 중력도 받지만, 그 영향력은 달이 끼치는 것의 절반 정도입니다.

같이 3개의 사실을 알 수 있어요.

> **태양, 지구, 달의 위치 관계로 알 수 있는 것**
> ❶ 달은 차고 이지러진다.
> ❷ '달돋이'는 매일 늦어진다(달맞이를 즐길 수 있다).
> ❸ 달의 표면에서는 약 2주에 한 번씩 낮과 밤이 찾아온다
>   (달에서 사는 건 만만치 않다!).

① 달은 차고 이지러진다

달은 스스로 빛을 내지는 않아요. 태양의 빛을 반사해서 빛이 나는 것처럼 보이는 거죠. 지상에서 보면 달을 보면 매일 달라지는 이유도 여기에 있어요. 태양 빛이 달에 얼마나 닿는지에 따라 달라지거든요.

> 그래서 날에 따라 달이 동그랗게 보이기도 하고 가늘게 보이기도 하는군요.

태양 빛이 달의 뒷면 전체를 비출 때는 '신월'이 돼요. 반대로 달의 앞면 전체를 비출 때는 '만월'(보름달)이고요. 만월일 때 태양과 달은 지구를 사이에 끼고 서로 반대쪽에 있어요. 우측 그림의 A에서 볼 수 있듯 태양이 서쪽 지평선으로 저물어갈 때, 만월은 동쪽 지평선에서 떠오르죠.

> 그렇군요. 요사 부손의 시에 '유채꽃이여 달은 동녘 해는 서녘으로'라는 구절이 있어요. 그건 보름달이 뜬 날이었네요!

그렇게 되겠네요!

> 노을 진 하늘에 노란색 유채꽃과 보름달이라니……. 우주와 대지가 느껴지는 웅장한 구절이었군요! 우주 지식이 늘어나니까

태양, 지구, 달의 위치 관계

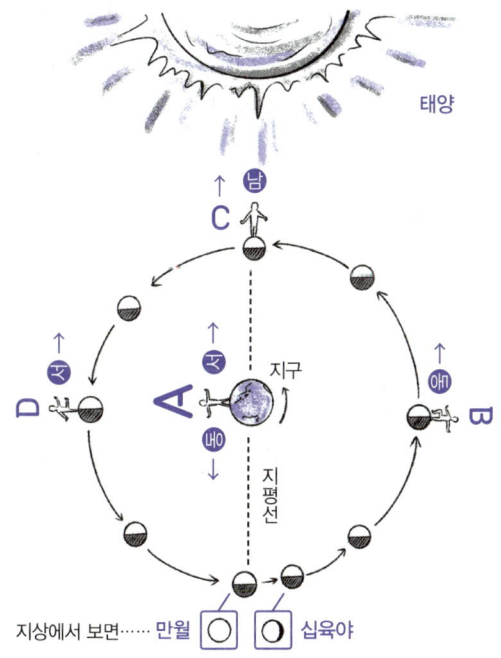

시를 해석할 때도 깊이가 더해지네요.

② '달돋이'는 매일 늦어진다(달맞이를 즐길 수 있다)

매일 달라지는 건 달의 모양뿐만이 아니에요. 달이 떠오르는 시각도 달라지죠. 지평선에서 달이 솟아오르는 것을 '달돋이'라고 해요.

'해돋이'의 달 버전인가요. 그런 말도 있었군요.

위 그림의 A를 보며 보름달의 '달돋이'를 본 그다음 날을 상상해 보죠. 보름달이 뜨고 24시간이 지나면 달은 공전을 하니까 살짝 반시계 방향으로 움직여요. 달은 보름달보다 살짝 덜 차올라서 '십육야'가 되어 있죠. 이때 십육야는 아직 지평선 아래에 있고, 십육야가 지평선에서 떠오르려면 지구는 50분 정도 자전해야 돼요. 보름달이 뜨는 날뿐만 아니라 매일 똑같은 일이 일어나죠. 다시 말해 '달돋이'는 매일 조금씩 늦어진다는 뜻이죠.

> 달은 약 1개월 동안 지구를 한 바퀴 빙글 돈다고 하셨는데, 매일 조금씩 바지런히 움직이기 때문에 그런 차이가 생기는군요.

일본의 에도시대에는 매일 달라지는 달돋이를 사랑하는 '달맞이' 풍습이 있었어요. 십육야는 일본어로 '이자요이'라고 하는데, '머뭇거리다'라는 뜻이 있죠. 보름달에서 살짝 덜 차오른 달이 약 50분 늦게 떠오르는 모습을 보고, 달이 불완전한 모습을 보여주기가 부끄러워 머뭇거린다고 생각해서 그런 이름을 붙인 모양이에요.

> 우와, 발상이 참 재미있네요!

그다음 날 뜨는 달을 '입대월(立待月)'이라고 해요. 십육야보다 약 50분 더 늦게 떠오르는 달을 '언제 뜨나' 하면서 서서 기다린다는 뜻이에요. 그다음 날은 '거대월(居待月)'이라고 하고요. 약 50분이 더 늦어지니까 이제 서 있지 못하고 앉아서 기다린다는 뜻이에요. 이 순서로 오면 그다음 날 떠오르는 달은 뭐라고 부를까요?

> 섰다가 앉았다가……. 그다음은 이미 잠들었을 테니까 '침대월(寢待月)' 아니에요?

딩동댕!

 *보름달이 뜨는 날을 15일 18시로 했을 경우

15일 18:00 **만월(보름달)**

16일 18:50 **신유야** 머뭇거리며 뜨는 달

17일 19:40 **입대월** 서서 기다리는 달

18일 20:30 **거대월** 앉아서 기다리는 달

19일 21:20 **침대월** 잠에 들어 기다리는 달

　　　　오오!(웃음)

주변에서 일어나는 아주 사소한 변화를 캐치해서 즐기다니 정말 근사하지 않나요?

　　　　저도 그렇게 생각해요. 게다가 달의 이름을 보니까 옛날 사람들이 달을 어떻게 즐겼는지 상상이 돼서 재미있어요.

달돋이에는 해돋이와 또 다른 정취가 있으니까 달맞이를 해보는 것도 재미있을 거예요.

❸ 달의 표면에서는 약 2주에 한 번씩 낮과 밤이 찾아온다
(달에서 사는 건 만만치 않다!)

이번에는 지상에서 달을 바라보는 게 아니라 달에서 태양을 바라보는 시점으로 바꿔 보죠. 그림의 B, C, D 위치에서 생각해보는 거죠.

　　　　네. 제가 달에 서 있다고 상상하면 되는 거죠.

그림의 B에 있을 때, 도코는 달의 지평선에서 태양이 고개를 내미는 모습을 볼 수 있을 거예요. C에서 태양은 가장 높은 위치에 오르고, D일 때 태양은 달의 지평선으로 저물어요. 이 순간이 달에서 보면 '낮'인 거죠. 그러니까 달이 지구를 공전하는 약 1개월 중 절반에 해당하는 약 2주 동안 낮인 거죠.

　　　　2주 동안 계속 태양이 내리쬔다는 건가요?

맞아요. 나머지 약 2주 동안은 태양 빛이 전혀 없는 '밤'이 되고요.

　　　　달에서는 약 2주마다 '낮'과 '밤'이 바뀐다는 거군요. 생활 리듬이 엉망진창이 되겠어요.

달에서 사는 걸 현실적으로 생각해보면, 그건 중요한 문제죠.

달은 '사막'으로 덮인 세상

달의 표면에서 보는 세상은 어떨까요? 그 이야기를 조금 더 해보죠.

> 네. 정말 궁금해요.

지구에서 달을 바라보면 흰 부분과 검은 부분이 보여요.

> 그래서 예로부터 그 검은 부분이 마치 옥토끼가 방아를 찧는 것처럼 보인다고 했고요.

그 달 표면의 흰 부분은 '달의 고지'라고 하고, 검은 부분은 '달의 바다'라고 해요.

> 네!? 달에도 우리가 아는 그런 바다가 있어요?

그런 줄 알고 과거에 천문학자가 그 이름을 붙였는데, 아쉽게도 달에 바다는 없어요. 달은 퍼석퍼석하게 마른 암석 덩어리거든요. 표면 색깔이 다른 이유는 암석의 종류 때문이고요. 흰 부분은 '사장암'이고 검은 부분은 '현무암'으로 이루어져 있어요.

> 에이, 그럼 달에는 바다가 없어요? 달에는 암석만 있고, 이렇게 말하면 좀 그렇지만…… 엄청 따분한 세상이겠네요?

아니요, 사실 달에는 산이나 계곡 같은 여러 지형이 있어요. 곳곳마다 움푹움푹 밥그릇 모양으로 푹 꺼진 곳이 있다는 것도 특이한 점이죠. 그걸 '크레이터'라고 하는데, 운석이 충돌한 흔적이에요. 또 하나, 달의 큰 특징으로 '사막'을 이야기할 수 있어요. 달은 고운 모래로 덮여 있는 거죠.

> 놀이터에 있는 모래밭이나 해수욕장의 모래사장 같은 느낌인가요?

> 표면이 고운 모래로 덮인 달에서는 발자국이 선명하게 남는다.

달의 모래는 지구의 모래보다 더 고와요. 입자 크기로 말하면 밀가루에 가까워요. 달에 찍힌 발자국 사진을 본 적이 있나요? 모래사장보다 입자가 더 고우니까 그렇게 선명하게 발자국이 남는 거예요.

우와! 달에 가면 발자국을 많이 찍고 싶을 것 같아요. 달의 세상은 지구와 완전히 딴판이었군요.*5

아직 빛을 보지 못한, 달의 '3개의 탄생설'

지구와 달의 세상은 완전히 딴판이죠. 너무 다르니까 아무런 인연도 없을까요? 그렇지 않아요. 지구와 달은 범상치 않은 사이에요.

어머! 둘이 무슨 사이인데요?

달의 탄생과 관련이 있는 이야기에요. 달의 탄생에는 크게 3개의 설이 있는데, 오랜 시간 갑론을박이 이어져 왔죠.

> 달의 '3개의 탄생설'
> ❶ 쌍둥이설 : 태양계가 생겨났을 때 지구와 똑같은 장소에 달도 같이 탄생했다.
> ❷ 부부설 : 각각 다른 장소에서 생겨난 지구와 달이 어느 순간 우연히 만나 서로 중력으로 끌어당겨 붙어 있게 되었다.
> ❸ 부자설 : 거대 천체가 충돌하여 지구의 일부가 조각조각 떨어져 나갔고, 곧 하나로 뭉쳐 달이 생겼다.

어느 설이 맞든 지구와 달 사이에 어떤 밀접한 관계가 있다는 것만큼은 확실해 보이죠. 도코는 어떤 게 맞는 것 같나요?

세 가지 모두 흥미로운 시나리오인데요, '부부설'이면 너무 멋지겠어요.

---

*5 달의 모래는 골치 아픈 문제도 갖고 있습니다. 아폴로 17호에 올랐던 우주비행사는 달의 모래 때문에 목의 통증이나 재채기를 유발하는 '달 가루 알러지'를 경험했습니다. 쉽게 날아오르는 달의 모래는 폐나 각막에 손상을 입힐 위험이 있습니다. 지금은 우주복에 붙은 모래가 우주선이나 기지로 들어오지 않도록 하는 기술을 연구 중입니다.

자이언트 임팩트설

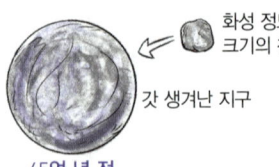

화성 정도 크기의 천체

갓 생겨난 지구

45억 년 전

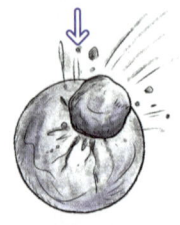

충돌
화성 크기 정도의 천체가
지구에 충돌

비산
튀어 흩어지면서
지구 주위를 도는 파편

달의 탄생
1개월 정도 짧은 기간 동안
파편이 모여서 탄생된 달

'부부설'을 고른 사람은…… 따져보지 않아도 로맨티스트겠네요!

네? 심리 테스트였어요?

로맨티스트 찾기에 딱 맞는 질문이지 않나요? (웃음)

속았다…….

그럼 정답이 무엇일지 하나씩 살펴보죠. 지구와 달 모두 바깥쪽은 암석으로 이루어져 있어요. 중심부에 금속 핵이 있는 것도 같지만, 그 양은 차이가 많이 나요. 쌍둥이라면 내부가 더 비슷해야 하는데, 그렇지 않으니까 ① 쌍둥이설은 땡.

내용물이 다르다면 각각 다른 장소에서 태어나 우연히 만났다는 부부설이 유력한 것 아니에요?

지구와 달은 중심부 구조가 다르긴 하지만, 바깥쪽의 암석 부분을 비교해보면 아예 남남이라고는 생각할 수 없을 만큼 꼭 닮았어요.

그런가요? 겉보기엔 비슷한데 속이 다르다니, 돈가스와

> 치즈 돈가스 같은 건가요?

오, 비슷한데요(웃음). 사실 정답은 '부자설'이에요. 지구 절반 정도의 천체가 지구에 충돌하면서 땅의 일부가 떨어져 나갔고, 그 조각이 모여서 생긴 게 달이라는 시나리오예요. 전문 용어로 '자이언트 임팩트설(거대 충돌설)'이라고 하고요. 아직 해결해야 할 문제가 남아서 열심히 연구 중에 있지만, 가장 유력시되는 가설이에요.

> 달이 지구가 낳은 자식이었다니! 지금 우리가 밟고 있는 이 땅이 달을 만들어냈다는 거잖아요! 정말 놀라워요.

달이 가져다준 '지구의 극적인 변화', 그리고 '은혜'

달이 생긴 덕분에 지구의 환경은 완전히 달라졌어요. 달이 생기기 전에는 지금과 달리 황폐했거든요.

> **달이 가져온 지구의 변화**
> ❶ 지구의 자전을 늦췄다. ➡ 하루가 24시간이 되었다.
> ❷ 지구의 자전축을 살짝 눕혔다. ➡ 기후가 안정되었다.

원래 지구의 하루는 24시간이 아니라 6시간이었습니다. 지금보다 4배 더 빠르게 자전했던 거죠. 달의 중력에 영향을 받아 지구의 자전은 점점 늦어져서 24시간으로 안착했다고 합니다. 만약 달이 없었다면 지금쯤 하루는 8시간 정도였을 거고요.

정말 다행이에요. 달 덕분에 하루가 24시간이 되었다니. 왠지 부모가 아이의 손을 잡고 보폭을 맞춰 천천히 걸어가는 것 같네요.

달과 지구의 관계가 점점 더 부모와 자식처럼 보이죠? 게다가 예전 지구는 자전축이 가팔랐기 때문에 계절의 변동이 심했어요. 그러다 달의 중력에 영향을 받고 자전축이 살짝 완만해진 덕분에 기후가 안정되었고요. 만약 달이 없었더라면 심하게 변덕스러운 환경 속에서 지금처럼 생명이 번영할 수 있었을까요?

달이 없었다면 우리도 존재할 수 없었겠네요……. 달과 지구의 인연이 이렇게 깊은 줄은 꿈에도 몰랐어요. 박사님이 말씀하신 것처럼 달을 보는 제 마음이 180도 달라지네요.

레슨 2 총정리

- 지구와 달은 중력으로 서로 연결되어 영향을 주고받는다.
- 달은 약 1개월에 걸쳐 지구 주위를 공전한다. 태양 빛을 반사하기 때문에 지상에서 보면 차고 이지러지게 보인다.
- 달에는 산이나 계곡, 크레이터 등의 지형이 있다. 표면은 고운 모래로 덮여 있다.
- 달은 지구에 거대 천체가 충돌했을 때 생긴 파편이 뭉쳐서 생겼을 것으로 추측된다.

하늘에 달이 두 개 뜬다면……

앞선 내용에서도 이야기했지만 달은 지구에 큰 변화를 몰고 왔습니다. 지금의 지구가 완성된 것은 모두 달의 덕분이지요. 그런데 만약 달이 두 개였다면 지구는 어떻게 됐을까요?

'두 개의 달'이라고 하면 무라카미 하루키의 소설 《1Q84》가 떠오릅니다. 주인공은 어떤 일을 계기로 두 개의 달이 뜨는 신기한 세계에 떨어집니다. 우리가 아는 그 달 옆에 자그마하고 일그러진 달이 떠 있는 모습이 무척 인상적이지요.

닐 코민스는 《만약 달이 두 개 있다면》이라는 책에서 달이 두 개 뜬 세계를 과학적으로 고찰했습니다. 달과 쌍둥이처럼 똑같은 천체가 지구와 더 가까운 위치에 떠오른다면, 지구에는 어떤 변화가 일어날까요?

가설의 일부를 소개해볼게요. 달이 두 개 뜬 지구에서는 조수간만의 차가 해일만큼 강력해지고 지진이나 화산 활동이 활발해질 겁니다. 그러면 대부분의 생명이 멸종하겠지만, 한편으론 책도 읽을 수 있을 만큼 환한 달빛 아래 새로운 생명이 진화할지도 모르죠……. 그렇습니다. 지금과는

또 완전히 다른 세계가 예상됩니다.

사실 현실에서도 지구의 달이 두 개일 때가 있습니다. 자그마한 천체가 지구의 중력에 붙들려 잠시 지구 주위를 돌기도 하거든요. 2020년 2월에 그런 '제2의 달'이 발견되었습니다. 크기가 1미터 정도밖에 되지 않는 소행성이었습니다. 봄에는 지구의 중력권에서 멀어지면서 더 이상 달이라고 부를 수 없게 되었지만, 수년 동안 가만히 지구에 붙어 주위를 돌고 있었답니다. 잠시 동안이지만 지구 환경의 변화를 알아차린 사람이 있었을까요? 아무튼 달은 문학적으로나 과학적, 현실적으로도 참으로 매력이 넘치는 존재입니다.

레슨 3 행성 Planet

연구자들을 고민에 빠뜨린 태양계 최대의 미스터리

개성 넘치는 8개 행성의 정체는 무엇일까?

행성은 무엇으로 이루어졌으며 어떻게 탄생했을까?

> 지난번에 달 이야기를 듣고 '달맞이'를 해봤어요. 하늘 공원에서 떠오르는 침대월을 바라보며 달에 펼쳐질 세상을 상상하고 있으니, 38만 킬로미터라는 거리가 전보다 훨씬 더 가깝게 느껴지더라고요.

도코의 스케일이 이제 우주 수준으로 올라섰군요! 그럼 이번에는 세계를 더 넓혀서 '행성'에 대해 알아보죠.

> 지구는 암석 덩어리였죠. 그럼 다른 행성들은 무엇으로 이루어졌나요? 그리고 달의 탄생 이야기는 강렬하게 인상에 남아 있는데, 다른 행성들은 어떻게 탄생했는지 궁금해요.

도코의 호기심 버튼이 눌린 모양이군요. 사실 '태양계 최대 미스터리'로 볼 수 있는 수수께끼가 행성의 탄생에 숨어 있어요. 먼저 8개 행성의 특징을 살펴본 다음에 행성이 어떻게 탄생했는지 이미 알려진 사실과 아직 밝혀지지 않은 내용을 순서대로 이야기해볼게요.

8개의 행성은 무엇이 같고 무엇이 다를까?

태양 주위를 도는 천체 중에서도 크기가 큰 것을 행성이라고 해요.

'수금지화목토천해' 말이죠. 이거 하나는 자신 있어요(웃음).

맞아요. 태양에서 가까운 순으로 수성, 금성, 지구, 화성, 목성, 토성, 천왕성, 해왕성이었죠. 이 8개의 행성에는 3개의 공통점이 있어요. 첫 번째는 모두 '스스로 빛을 내지 못하고 태양 빛을 받아서 빛난다'라는 사실.

10개의 질문 중 6번째 질문에서 수성, 금성, 화성, 목성, 토성까지 맨눈으로 보인다고 했었죠?

맞아요. 금성은 새벽 무렵에 나타날 땐 '샛별', 저녁 무렵에 나타날 땐 '개밥바라기별'이라고 불리며 다이아몬드처럼 영롱하게 빛을 내죠. 목성도 태양계에서 가장 큰 행성인 만큼 밤하늘에 뜬 항성들보다 더 큰 존재감을 발휘해요. 타이밍, 시력, 맑은 밤하늘이라는 삼박자만 맞으면 천왕성도 맨눈으로 보일 때가 있고요.

우와, 그렇군요. 그럼 잘 보이는 행성부터 먼저 찾아봐야겠네요.

공통점 두 번째는 '모두 다 동그랗다'라는 점, 그리고 세 번째는 '태양 주위를 지나는 길(공전 궤도)'이 거의 원을 그린다'라는 점이에요.

행성은 형태도 움직이는 궤적도 전부 다 '동그랗다'는 거네요.

여러 차이점도 있어요. 생김새, 크기, 기온 등 행성에 따라 전부 다 다르거든요. 여덟 행성의 특징을 간단히 그림에 정리해봤어요.

이렇게 보니까 십인십색, 아니, 팔성팔색에 다들 개성이 넘치네요!

개성 넘치는 '태양계의 행성'

수성

태양에 가장 가까운 행성. 행성 가운데 가장 작으며 달보다 살짝 더 큰 정도다. 태양의 주위를 한 바퀴 도는 데 88일이 걸린다. 아인슈타인의 '상대성 이론' 검증에 한몫했다.

금성

태양계에서 가장 뜨거운 행성. 대기는 거의 이산화탄소로 이루어져 있고 기압이 지구보다 90배나 더 높아 온난화가 진행되어서 표면 온도는 470도에 이른다. 크기는 지구와 크게 다르지 않지만, 환경이 너무 혹독해서 지구의 '악마 쌍둥이'라고 불린다.

지구

이 우주에서 유일하게 생명이 자란다는 '기적의 별'.

화성

인류의 이주 후보지로 거론되고 있다. 크기는 지구의 절반 정도다. 대기는 거의 이산화탄소이며 기압은 지구의 1% 미만이다. 예전에는 드넓은 바다가 있었다고 추측되며 지금도 생명이 숨어 있을 가능성이 있다.

태양에서 지구의 거리를 1로 했을 경우의 비율

0.3 0.7 1 1.5

5.2

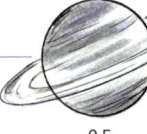
9.5

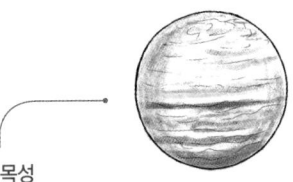

목성

태양계에서 가장 큰 행성. 지구보다 11배 더 크다. 강력한 중력으로 소행성을 끌어당겨 집어삼킨다고 해서 '태양계의 청소기'라고 불린다. 소행성의 진로를 비껴가게 해서 지구를 지켜 왔지만, 반대로 위험한 진로로 들여보낼 때도 있다.

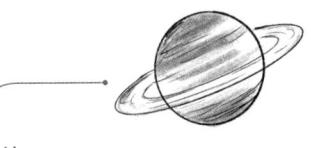

토성

밝게 빛나는 고리를 두른 행성. 지구보다 9배 더 크고, 고리까지 포함하면 태양계에서 가장 크다. 밀도는 행성 중에서도 가장 작아서 우주만큼 거대한 수영장이 있다고 치면 둥둥 뜰 정도다.

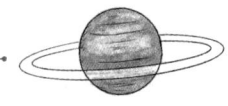

천왕성

인류가 처음 망원경으로 발견한 행성. 지구보다 4배 더 크다. 신기하게 자전축이 거의 수직으로 기울어져 있어 데굴데굴 굴러가듯 태양 주위를 돈다.

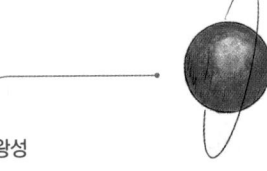

해왕성

태양에서 가장 먼 행성. 기온은 −200도로 행성 가운데 가장 춥다. 천왕성과 마찬가지로 지구보다 4배 정도 더 크다. 태양 주위를 한 바퀴 도는 데 165년이 걸린다.

19.2

30.1

초보 | 우주의 기본 지식을 익히자!   077

8개의 행성을 분류하는 구성 물질, 암석, 가스, 물

8개의 행성은 구성 물질에 따라 세 종류로 나눌 수 있어요.

> **행성 분류하기**
> ❶ 수성, 금성, 지구, 화성 ➡ 암석 행성
> ❷ 목성, 토성 ➡ 거대 가스 행성
> ❸ 천왕성, 해왕성 ➡ 거대 얼음 행성

수성, 금성, 화성은 지구랑 같은 그룹이네요.

맞아요. 수성, 금성, 지구, 화성은 겉면이 암석이라 '암석 행성'으로 분류돼요. '레슨 1 지구'에서 지구의 특징을 살펴봤죠, 지구처럼 이 행성들도 중심부에는 금속 핵이 있어요. 목성과 토성은 전체가 가스로 이루어진 거대 행성이라 '거대 기체 행성'이라고 해요. 천왕성과 해왕성은 주로 얼음으로 이루어진 거대 행성이라 '거대 얼음 행성'이라고 하고요. 얼음은 물뿐만 아니라 메탄이나 암모니아도 포함되어 있어요.

잘 보면 그냥 태양에서 가까운 순서대로 나눈 것 아닌가요?

예리한데요? 이 세 가지 타입은 행성의 탄생과 관계가 있어요. 이 이야기는 나중에 다시 설명할게요.

왜 명왕성은 9번째 행성에서 제외되었을까?

여기서 잠깐 명왕성 이야기를 해볼까요?

    명왕성은 잘 모르겠어요.

명왕성은 해왕성보다 더 멀리 떨어져 있는 데다가 달보다도 더 작은 천체에요. 전에는 명왕성이 9번째 행성이었는데, 2006년에 행성에서 제외되었어요.

    왜 행성 자격을 잃은 거예요?

원래 명왕성은 이단아 같은 존재라서 태양을 도는 궤도가 타원형으로 살짝 일그러져 있었어요.

    행성이 9개나 되는데 하나쯤은 일그러질 수도 있는 것 아닌가요?

사실 옛날에는 행성을 구분하는 정의가 없었어요. 관측 기술이 발전하면서 명왕성과 비슷한 천체가 또 발견되기 시작하자, '행성이란 어떤 천체인가'라는 걸 명확히 구분 짓기로 한 거죠.

    그래서 자격이 미달된 건가요?

명왕성을 행성으로 남기면, '세레스'와 '에리스'라는 왜행성은 물론이고 명왕성의 위성인 '카론'까지 더해서 행성이 12개가 되겠더라고요.

    그럼 외울 때 '수금지화목토천해'가 아닐 뻔했다는 건가요?

전부 다 넣으면 '수금지화세목토천해명카에'가 되는 거죠.

    아~ 왠지 입에 잘 안 붙네요. 12개면 차라리 십이지가 더 잘 맞겠어요.

난처하게도 명왕성과 닮은 천체가 새롭게 발견될 때마다 행성을 늘려야 하는 입장에 놓이게 됐죠. 게다가 개수의 문제를 떠나 질을 따졌을 때도 '8개의 행성'과 '명왕성 같은 천체'는 구별해야 된다는 의견도 나왔고요. 결국 국제천문연맹 총회에서 '행성의 정의'를 이렇게 정했어요.

> **행성의 정의**
> ❶ 태양 주위를 돈다.
> ❷ 자신의 중력으로 둥근 형태를 띤다.
> ❸ 궤도에 다른 천체가 있으면 내쫓는다.

한마디로 말하자면 행성이란 '태양 주위를 도는 크고 둥근 천체'라고 할 수 있어요(①). 크기가 충분히 크면 자신의 중력 때문에 거의 둥근 모양이 될 수 있거든요(②). 그리고 궤도에 다른 천체가 있어도 중력으로 끌어당겨 흡수하거나 뻥 차버릴 수 있고요(③).

명왕성은 뭐 때문에 탈락한 건가요?

행성의 정의 중 3번째 조건이 미달이었어요. 대신 나머지 2개의 정의를 충족하고 마지막 조건만 충족하지 못하는 천체는 '왜행성'이라고 부르기로 했죠. 왜행성은 '태양 주위를 도는 그럭저럭 크고 둥근 천체'를 의미해요.

아쉽네요. 문턱에서 탈락이라니요.

현재 왜행성은 명왕성과 더불어 아까 이름이 나온 '세레스'와 '에리스', 그후 추가된 '마케마케'와 '하우메아'까지 포함해서 총 5개가 있어요.

작지만 중요한 단서, '소행성'

'소행성' 이야기도 해볼까요? 소행성은 '작은 암석 덩어리'에요. 모양이 동그란 행성이나 왜행성과 달리 소행성에는 감자, 해달, 뼈다귀 등 모양이 다양해요.

> 우와, 재미있네요! 10개의 질문 중 5번 질문에서 태양계에 우글우글 있다고 했었죠?

지산에서 망원경으로 확인한 것만 해도 100만 개가 넘어요. 관측되지 않은 것까지 합치면 더 많을 거고요. 소행성은 대부분 화성과 목성 사이에 있거든요. 이 영역을 '소행성대'라고 해요.

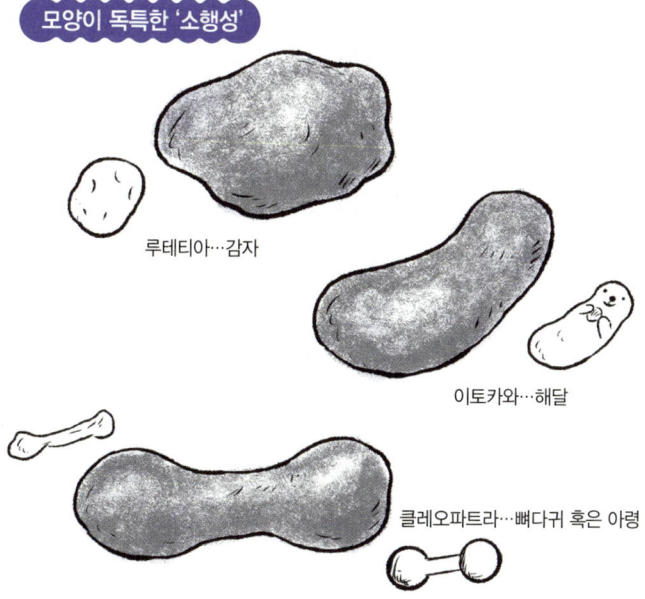

모양이 독특한 '소행성'

루테티아…감자

이토카와…해달

클레오파트라…뼈다귀 혹은 아령

> 화성과 목성 사이에 두둥실 떠 있는 건가요?

소행성대의 소행성은 여덟 행성과 마찬가지로 태양 주위를 돌고 있어요. 이 작은 돌멩이들에는 사실 큰 단서가 있죠. '태양계의 비밀'을 쥐고 있거든요.

> 태양계의 비밀이요!?

행성을 이해하려면 '초기 태양계가 어떤 상태였는가'를 알아야 해요. 그런데 지구의 암석에는 그 기록이 남아 있지 않아요. 지구는 탄생했을 때 표면이 녹아내려 마그마가 되었기 때문에 초기 정보가 사라져버렸거든요.

> 그렇군요……. 아쉬워요. 그러고 보니 저도 중요한 초기 데이터를 지워버려서 편집장님에게 무진장 깨진 적이 있어요. 왠지 지구가 동지처럼 느껴지는 걸요…….

그건 유감이네요. 소행성은 지구처럼 흐물흐물 녹아내릴 일이 없어서 초기 태양계의 정보를 계속 갖고 있었어요. 그래서 소행성은 '태양계의 화석'이라며 중요한 연구 대상이 된 거죠.

> 소행성은 지구가 남기지 못한 데이터를 백업해놨던 거군요. 멋지다, 소행성!

행성의 탄생 1. 재료는 가스, 암석, 금속, 얼음

그럼 8개의 행성은 대체 어떻게 생겨났을까요?

> 그게 가장 궁금한 부분이에요.

약 46억 년 전에 태양의 주위를 돌던 '가스'와 '먼지'들이 모여서 행성을 만들었어요. 그 먼지들은 암석, 금속, 얼음 조각들이고, 얼음에는 물 말고 다른 성분들도 들어 있었죠.

> 그럼 행성의 재료가 가스, 암석, 금속, 얼음이라는 거예요?

뭉뚱그려 말하자면, 이 재료들이 어떻게 섞이느냐에 따라 행성의 종류가 달라지는 거죠. 암석이나 금속이 많으면 '암석 행성'이고, 가스가 많으면 '거대 기체 행성', 얼음이 많으면 '거대 얼음 행성'이 탄생하는 거예요.

> 재료의 주성분이 행성의 타입을 좌우한다는 거군요. 생각보다 단순하네요.

행성의 타입을 가르는 4개의 주성분
- 암석, 금속 ➡ 암석 행성
- 가스 ➡ 거대 기체 행성
- 얼음 ➡ 거대 얼음 행성

행성의 탄생 2. '티끌' 모아 '별'

행성이 만들어지는 과정을 조금 더 세세하게 살펴보죠. 재료인 먼지는 눈에 보이지 않을 정도로 아주 작아요. PM2.5나 유산균처럼 '마이크로미터' 수준이에요.

> 우와, 진짜 작네요.

이 먼지들이 모이고 모여서 작은 뭉치가 되고, 작은 뭉치들이 모여서 큰 덩어리가 되고, 그게 또 모여서…… 마침내 지름이 10킬로미터 정도 되는 천체가 돼요. 이걸 전문 용어로 '미행성'이라고 하고요. 이 미행성은 다른 미행성과 충돌하거나 합체를 반복해서 '아기 행성'으로 거듭나는데, 이게 바로 '원시 행성'이에요.

> 눈에 보이지도 않는 먼지들이 하나 둘 모여서 아기 행성이 된다고요!? 이게 바로 '티끌 모아 별'이네요?

그러네요! 어떤 원시 행성이 생기는지, 그리고 어떤 행성으로 성장할지는 위치에 따라 달라져요.

태양과 가까운 곳

태양과 가까우면 얼음은 녹기 때문에 먼지의 성분은 암석과 금속이 되겠죠. 그래서 원시 행성도 암석과 금속으로 이루어져요. 이들이 충돌했다 합체했다를 반복하면서 바깥쪽이 암석이고 안쪽이 금속인 '암석 행성'이 생기고요. 이런 과정을 거쳐 수성, 금성, 지구, 화성이 만들어졌어요.

> 우와!! 지구는 콰광 하고 강렬한 충돌을 반복하며 생겨났군요! 생각지도 못한 과거네요.

태양에서 먼 곳

태양에서 먼 곳에는 얼음이 존재해요. 먼지 성분인 암석, 금속, 얼음을 모아서 원시 행성은 크게 성장해요. 큰 원시 행성은 그 강력한 중력으로 주위에 있는 가스를 대량으로 빨아들이고, 그렇게 생긴 것이 '거대 기체 행성'인 목성과 토성이에요.

우와! 아기 때부터 몸집이 크니까 가스를 많이 모을 수 있었던 거군요. 목성과 토성은 전체가 가스로 이루어져 있는 이유를 알겠어요.

태양에서 더 먼 곳
태양에서 더 먼 곳에서는 물 말고 다른 물질들도 같이 얼어버리니까 얼음의 부피가 늘어나요. 원시 행성은 주로 얼음으로 이루어지고, 주변에 있던 가스까지 흡수해서 '거대 얼음 행성'이 된 거죠. 이게 바로 천왕성과 해왕성이고요.

그렇군요. 태양에서 멀고 추우니까 얼음으로 이루어졌다는 거군요. 8개의 행성이 태양에서 가까운 순서대로 3개의 타입으로 구분되는 건 이런 원리 때문이었네요.

달
충돌과 합체를 반복해서 생긴 건 행성뿐만이 아니에요. 지구가 탄생하고 나서 얼마 지나지 않아(약 45억 년 전) 원시 행성이 지구와 충돌했거든요. 이 충돌 때문에 달이 생겨났다는 게 '레슨 2 달'에서 이야기한 '자이언트 임팩트설'이에요.

달의 행성의 탄생과 관련이 있었네요! 그럼 '지구와 충돌한 화성 크기의 천체'라는 게 바로 원시 행성이었군요.

소행성과 왜행성
모든 미행성이 원시 행성으로서 행성에 흡수된 건 아니에요. 목성이 탄생하면서 그 강력한 중력이 주변에 있던 미행성들의 충돌과 합체를 방해했거든요. 그때 살아남은 것들이 화성과 목성 사이에 있는 소행성으로 추측돼요.

> 소행성은 '행성에 흡수되지 못하고 남은 미행성들'이라는 건가요?

맞아요. 지구의 표면은 강력한 충돌 때문에 흘러내려 마그마가 되었지만, 소행성은 살아남았으니까 태양계 초기의 먼지 정보를 고스란히 갖고 있는 거죠.

> 그렇구나. 강렬한 충돌을 하지 않은 덕분에 초기 데이터를 지킬 수 있었던 거군요.

그렇게 충돌과 합체를 거쳐 그럭저럭 부피가 커지긴 했지만 행성까지는 되지 못한 것들이 '왜행성'이에요.

행성의 탄생 3. 정작 중요한 레시피는 '안개 속'

지금까지 한 이야기를 한마디로 정리해볼게요. '먼지(암석, 금속, 얼음)가 모여 가스를 휘감아서 행성이 되었다.' 그런데 행성이 만들어지는 **구체적인 과정**은 아직 밝혀지지 않았어요. 태양계 최대의 미스터리라고 할 수 있죠.

> 행성이 무엇으로 만들어졌는지는 알아냈지만, 어떻게 만들어졌는지는 아직 베일에 싸여 있는 건가요?

맞아요. 옛날에는 그 근처에 있던 재료들을 모아서 행성이 탄생했다고 추측했어요. 그런데 요즘에는 '제일 먼저 목성이나 토성이 만들어졌고, 그들이 태양에 가까이 다가갔다가 멀어지는 행성 대이동 과정에서 대혼란이 일어난 끝에 지구 같은 암석 행성이 생겼다'라는 시나리오가 생겼더라고요.

> **행성이 탄생한 과정**
> **가설 ❶** 8개의 행성은 지금 있는 자리에서 그 부근에 있는 재료를 끌어모아 만들어졌다.
> **가설 ❷** 처음에 목성이나 토성이 먼저 생기고, 일단 태양에 가까워졌다가 다시 멀어지는 '행성 대이동'이 일어나면서 암석 행성이 만들어섰나.

태양계에서 '누떼의 대이동'처럼 역동적인 사건이 일어났다는 건가요!?

가능성 중 하나로 보고 검토하는 중이에요. 행성의 모델이라는 게 단순히 행성을 8개 만드는 걸로 끝이 아니거든요. 현재 태양계의 모습을 구석구석 아주 정교하게 재현할 수 있어야 해요. 이를테면 지구에 물을 가져와서 바다를 만들어야 하고, 원시 행성을 충돌시켜 달도 만들어야 하죠. 게다가 화성과 목성 사이에는 소행성대도 만들어야 하고요.

깔아 놨던 복선이 마지막에 하나로 합쳐지는 추리소설처럼 앞뒤가 딱 맞아떨어져야 한다는 거군요.

맞아요. 행성을 탐사해서 직접 보기도 하고, 탐사기 '하야부사'나 '하야부사2'가 소행성에서 채취한 모래알로 태양계 초기의 모습을 조사하기도 하고요. 그렇게 컴퓨터상으로 행성이 탄생하는 시뮬레이션을 이리저리 돌리면서 여러 모델을 검증하고 있어요.

> 아하. 이미 완성된 요리(행성)를 맛보고 재료(소행성)를 찾아와서 레시피를 알아내려는 거군요.

그렇죠. 과학자들은 행성을 만들어내는 태양계의 비법 레시피를 알아내려고 밤낮으로 연구에 힘쓰고 있어요.

> '레슨 1 지구'에서 끝없이 펼쳐지는 우주의 대규모 구조를 이야기했잖아요. 그런데 정작 가까운 태양계에 이런 미해결 수수께끼가 있다니 의외네요. 전 과학이 전지전능인 줄 알았어요.

밤하늘은 수수께끼투성이죠. 곳곳에 풀어야 할 숙제가 둥둥 떠 있는 셈이죠. 퀴즈나 연습 문제처럼 '정답을 아는 문제'도 그만의 재미가 있지만, '정답을 모르는 문제'에 도전하는 게 얼마나 즐거운지 아나요? 수수께끼를 해결해야 하는 건 과학자의 일이 맞지만, 그래도 이런저런 상상을 하면서 답을 찾아가는 재미도 쏠쏠합니다.

> 그렇군요. 저는 지금까지 일을 하다가 모르는 게 있으면 바로 검색해서 답을 알아냈거든요. '미해결 문제를 즐기는 여유'가 없었어요. 혼자 힘으로 끝까지 생각해보는 게 얼마나 중요한지 행성에게 배운 것 같은데요.

레슨 3 총정리

+ 태양계의 여덟 행성은 암석 행성, 거대 기체 행성, 거대 얼음 행성으로 분류된다.
+ 태양 주위에 날아다니던 가스와 먼지(암석, 금속, 얼음)가 뭉쳐서 행성이나 소행성이 탄생했다.
+ 행성이 '무엇으로 이루어졌는가'는 밝혀졌지만, '어떻게 해서 탄생했는가'는 미해결 문제이다.

9번째 행성은 손바닥 크기의 블랙홀!?

해왕성 바깥쪽 세계는 베일에 싸여 있습니다. 태양에서 너무 머니까 반사하는 빛도 약해져서 관측하기가 어렵지요. 이론상으로는 이 영역에 신종 행성이 존재하지 않을까 예측되고 있습니다. 무게는 지구보다 5~10배 정도 더 무겁다고 하고요. 태양계의 9번째 행성이라서 '플래닛 나인'이나 '제9의 행성'이라고 불리지요.

하지만 위치가 전혀 가늠이 되지 않기 때문에 발견해내는 데 난항을 겪고 있습니다. 칠흑같이 캄캄한 수영장에서 금붕어를 잡는 격이랄까요. 하와이의 마우나케아 산꼭대기에 있는 '스바루 망원경'이 찾아내지 않을까 기대를 받고 있습니다. 시야가 넓어서 플래닛 나인을 찾아내기에 제격이거든요.

또 다른 주장이기는 하지만, 플래닛 나인이 블랙홀일 수도 있다는 논문도 있습니다. 만약 플래닛 나인이 지구보다 5배 더 무거운 블랙홀이라면, 지름이 9센티미터인 공 모양일 겁니다. 오른쪽 페이지에 있는 파란 원이 실제 사이즈예요.

이런 물체가 우리 태양계의 가족일 수도 있다니요!? 사실이라면 정말 대단한 것 아닌가요?

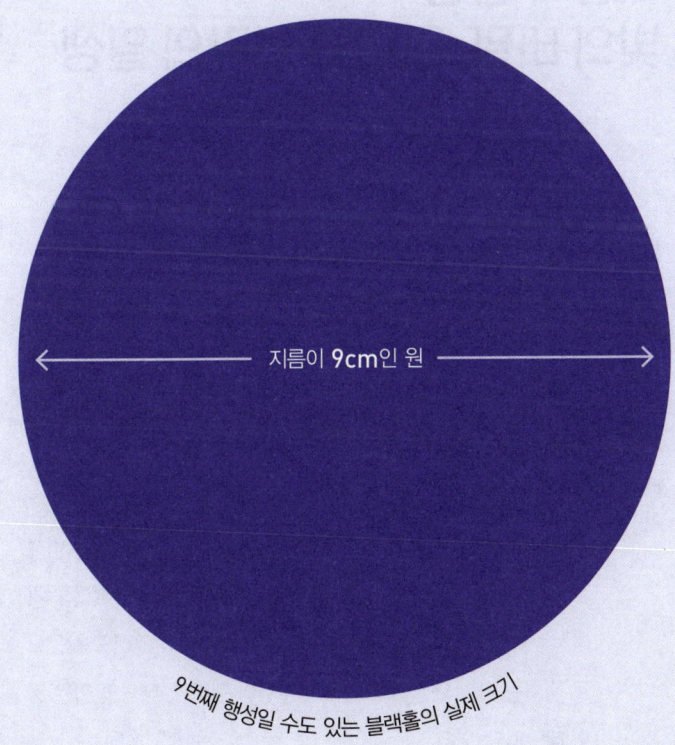

← 지름이 **9cm**인 원 →

9번째 행성일 수도 있는 블랙홀의 실제 크기

레슨 4 항성 Fixed Star

'인간의 일상'과 깊은 연관이 있다!?

태양과 항성-
빛의 비밀, 그리고 인간의 일생

태양과 항성 안에서 일어나는 '특수 반응'

얼마 전에 문득 밤하늘을 올려다봤는데, 유독 밝게 빛나는 별이 있길래 무슨 별인지 찾아봤더니 목성이었어요. '레슨 3 행성'에서 박사님이 말씀하신 대로 존재감이 남다르던데요.

다른 별들보다 더 밝아서 그런지 확실히 눈에 띄죠.

그걸 보고 있다가 행성 특집을 짜야겠다는 생각이 번뜩 들어서 신들린 듯 작업하다 보니 어느새 아침이더라고요. 결과적으로 기획서는 퇴짜를 맞고 쓰레기통으로 들어갔지만요. 그래도 창문으로 비치는 아침 햇살이 포근해서 힐링이 됐어요. 태양의 힘은 정말 대단해요.

고생이 많았네요. 기획서가 떨어진 건 아쉽지만, 아침 햇살은 맑아서 기분도 상쾌해지죠.

네. 간만에 긍정적인 마음이 들더라고요. 10개의 질문 중 2번째 질문에서 태양 빛은 '특수 반응'으로 만들어진다고 이야기했잖아요. 그리고 10개의 질문 중 6번, 7번 질문에서는 태양도 밤하늘의 별도 똑같이 '항성'이라고 했고요. 이번에는 '왜 태양과 항성이 스스로 빛나는지'를 알고 싶어요!

도코, 왠지 의욕이 넘치는데요? 별빛의 비밀을 아는 건 아주 큰 의미가 있죠. 왜냐하면 별의 구조는 우리 일상과 무척 깊은 연관이 있거든요.

네!? 그래요? 어떤 연관이 있는지 가르쳐주세요!

별의 생애는 아기-성인-노인까지 3단계

항성을 알려면 먼저 '항성에도 일생이 있다'는 점을 기본으로 깔아두고 시작하죠.

인간처럼 태어나서 어른이 되었다가 늙고, 결국에는 죽음을 맞이한다는 건가요?

맞아요. 여기서는 항성을 '아기별', '어른별', '노인별'로 나눠서 설명할게요. 그리고 '별의 죽음'에 대해서도 이야기할 거예요.

항성의 일생 1. 가스가 모여 흐릿하게 빛나는 '아기별'

우주 공간에서는 뿌옇게 떠돌아다니는 가스에서 별이 만들어져요. 가스의 성분은 대부분 '수소'거든요. 이 가스가 '어떠한 계기'로 짙어지면, 중력이 점점 강해져서 주변에 있는 가스들을 끌어들이고요. 그렇게 중력의 힘이 점점 더 세지면서 더 많은 가스가 모이게 되죠.

> 맛집에 줄을 서면 사람들이 우르르 몰려드는 것처럼 가스가 가스를 쭉쭉 끌어당기는군요.

맞아요. 가스가 모여서 희미하게 빛을 발하면서 '아기별'이 탄생한 거예요. 전문 용어로 '원시별'이라고도 하고요.

> 갓 태어난 '아기별'을 맨눈으로도 볼 수 있나요?

'아기별'은 빛이 약하고 주변이 가스로 뒤덮여 있어서, 아쉽게도 맨눈은커녕 일반 천체망원경으로도 안 보여요. 우리가 초음파 같은 특수 장비를 써서 뱃속에 있는 태아를 확인하는 것처럼 천문학자들도 전파망원경 같은 특수한 장비를 써서 '아기별'을 관측해요.

> 천문학자는 별을 찾아내는 산부인과 의사 같은 거군요.

인간에 비해 '아기별'은 쌍둥이나 세쌍둥이로 태어날 확률이 높아요. 항성이 여러 개 줄지어 있는 모습을 전문 용어로 '쌍성'이라고 하는데, 태양과 타입이 비슷한 항성은 절반 정도가 쌍성이에요.

> 우와, 그렇게 많군요! 만약 우리 태양이 쌍둥이였다면…… 하늘에 2개의 태양이 빙글빙글 돈다는 거예요!? 자외선 차단하기가 힘들어질 것 같은데요.

그 대신 일요일이 일주일에 두 번 돌아오는 거 아닌가요?

> 그건 좋네요(웃음). 태양은 당연히 하나만 있는 건 줄 알았는데, 우주에서는 꼭 그렇지만도 않군요.

항성의 일생 2. 특수 반응을 일으켜 빛을 내뿜는 '어른별'

아기별은 별의 내부에서 '특수 반응'을 일으켜 주위에 빛을 내뿜게 되면 번듯한 '어른별'이 돼요. 전문 용어로 '주계열성'이라고 하죠.

'특수 반응'이란 게 번듯한 어른이 되는 조건이군요. 굳이 '특수'라는 말이 붙을 만큼 일반적으로 불이 붙어 활활 타오르는 것과는 차원이 다르다는 말씀이죠?

맞아요. 차원이 다르죠. 예를 들어 '모닥불'과 '항성'을 비교해볼게요.

'모닥불'과 '항성'은 무엇이 다를까?
별이 빛을 내는 원리

모닥불은 태우면 가스가 생기죠. 이 가스가 공기 중의 산소와 격렬하게 반응해서 에너지가 발생하고 빛(불꽃)과 열이 돼요. 우리가 일상생

모닥불과 항성의 차이

모닥불
화학 반응
나무에서 나오는 가스와 공기 중의
산소가 결합해서 빛과 열이 생긴다.

항성
핵융합 반응
수소끼리 융합해서 헬륨이 되어
빛과 열이 생긴다.

활에서 흔히 '불에 탄다'고 말하면, 그건 연소라는 '화학 반응'을 가리키잖아요.

> 네, 네.

그런데 항성의 경우는 별의 중심부에서 수소와 수소가 융합하고 다른 원소로 변신하는 '핵융합 반응'이 일어나요.

> 융합을 해서 변신한다고요!?

수소를 재료로 써서 헬륨이라는 원소를 만들어요. 새로운 원소를 만드는 과정에서 에너지를 생성하고, 그게 항성의 빛과 열이 되는 거예요.

> 새로운 것을 생성하면서 빛이 난다니……. 저도 새 기획을 척척 만들어내면서 반짝반짝 빛이 나는 편집자가 되고 싶어요.

지금 같은 의욕만 있으면 가능할 것 같은데요!

> 감사합니다.

이렇게 별에서 빛이 나는 반응은 사물이 불타는 반응보다 훨씬 더 효율이 좋아요. 구체적으로 말하자면, 연료를 에너지로 바꾸는 핵융합 반응의 효율이 화학 반응보다 1,000만 배 이상으로 좋아요.

> 0이 몇 개가 더 붙는 건가요! 어떻게 그런 엄청난 반응이 일어나는 거예요?

이과 용어로 말하면 '고온·고밀도' 때문이에요. 느낌상으로 말하면 '화르륵 꾹꾹'인데, 이 반응 덕에 항성의 중심부에서는 핵융합 반응이라는 특수 반응이 일어나는 거죠*6.

---

*6   태양 중심부의 온도는 1,600만도, 기압은 2,400억입니다. 10개의 질문 중 2번 질문에서 이야기한 '핵융합로'로 이 정도 압력을 실현할 수는 없지만, 온도를 1억도 이상으로 올려서 핵융합 반응을 일으키려고 시도하고 있어요.

> 태양이나 항성의 빛은 모닥불과 비교가 되지 않을 정도로 특별하군요. 아 참, '레슨 3 행성'에서 목성은 거대 가스 행성이라고 했잖아요. 같은 가스 덩어리인 태양은 왜 목성과 다른 거예요?

날카로운 질문이에요! 사실 중심에 걸리는 중력의 세기가 중요해요. 목성은 태양계에서 가장 큰 행성이지만 핵융합 반응을 일으키기엔 중력이 부족해요. 만약 목성이 가스를 더 모아서 지금보다 100배 정도 더 무거웠다면, 중심에서 핵융합 반응이 일어나기 때문에 태양이 될 수도 있었죠.

> 그럼 목성은 태양이 되지 못한 별이라는 건가요?

맞아요. 항성과 가스 행성에 그렇게 큰 차이는 없어요. 가스의 양에 따라 중심에서 핵융합 반응 스위치를 누르면 항성이 되는 거고, 누를 정도가 아니면 가스 행성이 되는 거예요.

별의 '낯빛'을 보면 수명이 보인다!?

항성의 빛에는 많은 정보가 담겨 있어요. 특히 중요한 게 '색깔'이에요.

> 색깔은 중요하죠. 편집장님이 '자신만의 컬러를 내봐'라고 종종 말씀하시거든요.

항성의 빛은 여러 가지 색이 섞여서 만들어져요. 어떤 색의 성분이 강한지 측정한 것을 전문 용어로 '스펙트럼'이라고 하고요. 스펙트럼을 조사하면, '어른별'의 온도, 크기, 무게, 나아가 수명까지 알 수 있어요.

> 비유하자면 낯빛만 봐도 체온, 키, 몸무게, 수명까지 알 수 있다

> 는 건가요! 아까 천문학자는 별을 찾아내는 산부인과 의사 같다고 했는데, 내과의사이기도 하군요. 게다가 안색만 봐도 알 수 있을 만큼 유능한 의사요.

천문학자들은 직접 만져보고 진찰할 수 없으니까요. 제한된 정보 안에서 많은 사실을 알 수 있도록 지식을 차곡차곡 쌓아 온 덕분이죠.

> 역시 차곡차곡 쌓은 힘은 못 이기겠네요.

'어른별'은 색깔에 따라 7개의 타입으로 분류돼요. 푸른색에서 붉은색까지 순서대로 O형(푸른색)→B형(청백색)→A형(흰색)→F형(황백색)→G형(노란색)→K형(주황색)→M형(붉은색)이에요. 태양은 G형이고요. 각각 특징을 표에 정리해봤어요.

> 우와~ 숫자가 많네요(땀). 색깔이랑 온도, 게다가 크기나 수명까지…… 여기에 관계성이 있는 건가요?

맞아요. 먼저 색깔이랑 온도의 관계인데, 항성은 푸른색의 온도가 더 높아요.

> 그래요? 당연히 붉은색이 불꽃 같으니까 더 뜨거울 줄 알았어요.

크기로 말해 보자면, 항성은 몸을 구성하는 수소 가스가 연료거든요. 몸이 클수록 연료도 많이 갖고 있겠죠. 큰 항성은 핵융합 반응이 활발히 일어나서 '빛'과 '열'을 대량으로 생성해요. 그래서 항성의 몸집이 크면 밝고 온도가 높기 때문에 푸른색이 되는 거고요. 반대로 작은 항성은 어둡고 온도도 낮아서 붉어져요.

> 그렇군요. 그래서 '푸르고 큰 별'에서 '붉고 작은 별' 순서대로 나열한 거군요. 그런데 항성이 클수록 수명이 짧아요? 연료가 많아야 더 오래 살 것 같은데요.

색깔에 따라 7개의 타입으로 나뉘는 항성(어른별)

타입	O형	B형	A형	F형	G형(태양)	K형	M형
색	파랑	청백	백	황백	황	주황	빨강
온도	고온	←				→	저온
밝기	밝다	←				→	어둡다
크기	크다	←				→	작다
무게	무겁다	←				→	가볍다
수명	짧다	←				→	길다
표면온도	45,000도	20,000도	9,000도	7,000도	6,000도	5,000도	3,000도
광도*	100,000배	1,000배	20배	4.0배	1.0배	0.2배	0.01배
지름*	10배	5배	1.7배	1.3배	1.0배	0.8배	0.3배
질량*	50배	10배	2.0배	1.5배	1.0배	0.7배	0.2배
수명	1,000만 년	1억 년	10억 년	30억 년	100억 년	500억 년	2,000억 년

*태양을 1로 놨을 때의 비율

몸집이 크면 중심부에 걸리는 중력이 더 커져요. 그러면 연료를 한꺼번에 쓰게 되니까, 항성이 클수록 수명이 짧아지는 거죠.

큰 항성은 짧고 굵게 살고, 작은 항성은 가늘고 길게 사는군요. 태양은 그 사이에 있다는 거예요?

천문학적으로는 항성의 중심부에서 수소의 핵융합 반응이 일어나고, 빛을 안정적으로 내뿜는 기간을 '수명'이라고 불러요. 태양의 수명은 약 100억 년이에요. 항성이 수명을 다하면 극적인 변화가 일어나죠.

항성의 일생 3. 나이가 들어도 창작을 멈추지 않는 '노인별'

항성은 중심부에 있는 수소가 바닥나면 '어른별'이 돼요. 노년기에 접어든 항성은 불룩불룩 부풀어 올라 몸집이 거대해지죠.

나이가 들면 작아지는 줄 알았더니, 더 커진다고요!?

항성의 바깥쪽에 있는 수소가 핵융합 반응을 일으켜서 부어오르거든요. 부어오르면 표면 온도가 낮아지니까 붉은색을 띠게 돼요. 이 나이든 항성을 전문 용어로 '적색거성'이나 '적색초거성'이라고 해요.

말 그대로 '붉고 큰 별'이라는 뜻이군요. 그다음에는 어떻게 돼요?

'어른별'의 중심부에는 수소로 만들어진 헬륨이 축적돼요. 마치 나이가 들수록 몸에 노폐물이 쌓이는 느낌인데, 여기서 끝이 아니에요. 곧 이 헬륨을 연료로 새로운 핵융합 반응을 일으키기 시작하고, 탄소나 산소를 만들어내요. 태양보다 무거운 항성은 거기에 네온, 마그네슘, 규소, 철 같은 원소까지 만들어내죠.

대단하네요. 나이가 들어도 계속 뭔가를 만들어 내다니!! 그러고 보면 우리 할머니도 뭔가를 만드는 데 열정이 대단하셔서 매일

> 패치워크 같은 걸 열심히 하세요. 만든 작품을 SNS에 올려서 좋은 반응을 얻었던 적도 있어요.

별도 사람도 나이가 들면 제 실력이 나오는가봐요.

> 이 새빨간 '노인별'은 지상에서 보이나요? 그러고 보니 '어른별'에도 붉은 별이 있었죠. 어떻게 구분해요?

붉은 '어른별'은 작고 어두워서 맨눈으로는 안 보여요. 지상에서 보이는 붉은 별은 행성인 '화성'을 제외하면 모두 다 '노인별'이라고 할 수 있어요. 대표적으로는 오리온자리의 '베텔게우스'와 전갈자리의 '안타레스'가 있죠*7.

> 우리 태양도 언젠가 '노인별'이 되겠네요?

태양의 수명은 약 100억 년이고 현재는 46억 살이에요. 지금부터 약 50~60억 년 후에는 적색거성이 되죠. 아마 수성과 금성은 거대해진 태양에 잡아먹힐 거예요.

> '레슨 3'에 나왔던 행성들이……. 그럼 지구는 괜찮은가요?

태양은 당장이라도 지구를 삼킬 만큼 커지겠지만, 부풀어 오르면서 무게도 가벼워지니까 지구를 잡아당기는 힘이 약해져요. 잘하면 지구는 도망칠 수 있을지도 몰라요.

> 태양에 먹혀서 사라지는 건 너무 무섭네요. 지구가 잘 살아남았으면 좋겠어요.

그런데 그 시점에 지구의 바다는 이미 증발할 테니 생명이 살아남으려면 다른 천체로 떠나야 돼요. 방법은 이건 '레슨 8'에서 설명할게요.

---

*7_____ 용골자리에 있는 '카노푸스'는 황백색 '어른별'이지만, 일본에서 보면 고도가 낮기 때문에 석양과 같은 원리로 불그스름하게 보입니다. 한국에서는 제주도에서 타이밍만 잘 맞으면 생각보다 쉽게 볼 수 있습니다.

별의 죽음 – 마지막에 찾아오는 '3개의 결말'은?

'노인별'에는 머지않아 죽음이 찾아오죠. 어떤 최후를 맞이할지는 '어른별' 때의 체중에 달려 있어요.

체중에 따라 어떻게 죽는지 결정된다는 건가요? 뜨끔한데요.

항성은 크게 부풀어 오른 다음에 3개의 결말 중 하나를 맞이해요.

> **항성의 최후 '3개의 결말'**
> ❶ 희고 작은 찌꺼기가 남는다 ➡ 백색왜성
> ❷ 대폭발해서 딱딱한 심이 남는다 ➡ 중성자성
> ❸ 대폭발해서 공간에 구멍이 뚫린다 ➡ 블랙홀

① 희고 작은 재가 남는다 → 백색왜성

태양과 무게가 비슷한(태양 질량의 8배 이하) 항성은 거대해질 때 대량의 가스를 주변에 방출해서 중심부가 드러나요. 이미 핵융합 반응이 멈춘 찌꺼기인데, 온도는 계속 높으니까 하얗게 빛나죠.

여열만 가지고도 빛이 나는군요.

이렇게 드러난 찌꺼기는 똘똘 뭉쳐서 작아져요. 각설탕 하나 정도의 크기인데, 무게가 1톤이나 될 정도로 안이 꽉 차 있죠. 하얗게 빛나는 작은 별이라고 해서 '백색왜성'이라고 불러요.

그럼 태양은 성인 기간이 지나면 적색거성이 되었다가 마지막에는 백색왜성이 되는군요. 꼭 머리카락이 하얗게 센 꼬부랑 할머니 같은데요.

맞아요. 태양은 백색왜성이 된 다음, 긴 시간에 걸쳐 점점 식어서 어두워져요. 대략 10조 년 정도 지나면 더 이상 빛이 나지 않는 새까만 천체가 되어 눈에 보이지 않게 되죠.

> 성인 기간보다 종말기가 더 기네요……. 슬프지만 그렇게까지 오래 살면 더 바랄 것도 없겠어요.

② 대폭발해서 딱딱한 심이 남는다 → 중성자성

태양보다 더 무거운 항성은 '초신성 폭발'이라는 대폭발을 일으키고 최후를 맞이해요.

> 대폭발을 하고 죽는다니, 그야말로 장렬한 죽음이네요.

태양의 질량보다 8배에서 40배 정도 훨씬 더 무거운 항성은 대폭발이 일어난 후에 '중성자성'이라는 천체가 남아요. 전기적으로 중성인 '중성자' 입자로 이루어졌는데, 고작 각설탕 1개 크기의 무게가 5억 톤으로 말도 안 되게 밀도가 높아요. 백색왜성을 딴딴한 심 하나에 응축시킨 셈이죠.

> 각설탕 한 개가 5억 톤이라니! 상상이 아예 안 가는데요.

중성자성은 우리 생활과도 관련이 있어요. 항성은 핵융합 반응만으로는 철보다 무거운 원소를 만들 수 없거든요. 중성자성끼리 합체할 때 금, 은, 백금 같은 '귀금속'이나 가전제품에도 사용되는 '희토류' 같은 원소를 만들 수 있어요. '레슨 3 행성'에서 이야기한 행성의 재료에 이런 원소들이 포함되었기 때문에 지구의 일부에 섞여서 우리 손에 넣을 수 있었던 거예요.

> 그럼 우리가 액세서리나 가전을 쓸 수 있는 건 중성자성 덕분이

라는 건가요? 독특한 천체라고만 생각했는데, 사실은 우리의 삶을 지탱해 주고 있었군요.

③ 대폭발해서 공간에 구멍이 뚫린다 → 블랙홀

태양의 질량보다 40배 이상 무거운 항성은 대폭발을 하고 나서 중성자성보다 더 밀도가 높고 빡빡한 상태가 되어 스스로 무게를 버티지 못하게 돼요.

뒤룩뒤룩 살이 찌면 무릎에 무리가 가는 것처럼요? 그럼 어떻게 돼요?

우주 공간에 구멍이 뻥 뚫려요. 바로 블랙홀이 탄생하는 순간이죠.

우와, 항성이 죽어서 블랙홀이 된다고요!?

블랙홀은 너무나도 기묘한 천체인데요, 항성의 일생을 생각해보면 아주 자연스러운 현상이라고 할 수 있어요.

항성의 죽음과으로 이뤄지는 3개의 변화 - 모든 것은 별의 일생과 이어져 있다

항성은 대폭발을 일으키며 죽을 때 3개의 역할을 합니다. 첫 번째는 별 안에서 만든 원소를 우주에 널리 뿌리는 것. 이 덕분에 우주 곳곳에 탄소나 산소가 전해지죠. 두 번째는 폭발하는 과정에서 새로운 원소를 만드는 것. 중성자성처럼 철보다 무거운 원소를 만들어내거든요.

가스를 모아서 별이 되고, 새로운 원소를 만들어서 죽을 때 뿌린다니……. 항성은 무슨 원소를 만들려고 태어난 것 같네요. 그게 별의 사명인가요?

그런 의미로 보면 마지막 역할도 뜻이 일맥상통하는 것 같은데요?! 세 번째의 역할은 폭발의 충격이 주변으로 퍼지면서 새로운 별이 태어나는 계기가 되거든요. '아기별' 부분에서 나왔던 '어떠한 계기' 중 하나가 바로 별의 죽음이에요.

별의 죽음을 계기로 새로운 별이 태어날 수가 있다고요!? 꽃을 피우고 떨어뜨린 씨앗이 또 어딘가에서 싹이 트는 '생명의 릴레이'가 별에도 있었을 줄이야……. 말 그대로 충격적인 이야기네요.

> **별의 죽음(초신성 폭발)이 만드는 3개의 변화**
> ❶ 별 안에서 만들어낸 원소를 우주에 뿌린다.
> ❷ 폭발하는 과정에서 새 원소를 만든다.
> ❸ 폭발의 충격이 새 별을 낳는 계기가 된다.

우리 태양계도 별이 태어나고 죽으면서 만들어낸 원소를 모아서 생겨났어요. 태양계가 탄생하기 전에 초신성 폭발이 적어도 두 번 일어났다는 사실을 운석 연구에서 알아냈어요.

지난 세대의 항성이 부지런히 원소를 만들어 준 덕분에 지금의 태양계가 존재하는 거군요.

우리 몸의 형태를 만드는 원소도 그 기원을 거슬러 올라가면 별과 이어진다는 뜻이기도 하죠. 그래서 사람을 '별의 아이'라는 둥 '별의 조각'이라는 둥 표현하는 것 아닐까요?

    너무 낭만적이다…….

인간뿐만 아니라 지구상에 있는 모든 사물은 별의 일생과 연결되어 있어요. 일상의 풍경을 봤는데 밤하늘에 떠 있는 별과 연결고리가 느껴지면 너무 멋지지 않나요?

    정말 그래요. 이제 밤하늘의 별을 보면 전이랑 다른 느낌이 들겠어요. 쓰레기통에 들어간 제 기획서도 원래는 별의 조각이라고 생각하면 괜히 더 가슴이 아프네요. 다음에는 반짝반짝 빛나는 기획서를 쓸게요!

레슨 4 총정리

+ 가스가 모이고 중심에서 '핵융합 반응'이 일어나면, 번듯한 항성이 된다.
+ 항성은 중심부의 수소가 바닥나면 거대해져서 불그스름해진다.
+ 항성의 최후는 무게에 따라 달라진다. 태양보다 무거운 항성(태양의 질량보다 8배 이상)은 초신성 폭발을 일으킨다.
+ 지구상의 물질은 '항성의 핵융합 반응', '초신성 폭발', '중성자성 합체' 등을 거쳐 만들어진 원소로 이루어졌다.

스트라디바리우스나 베르메르는
은하와 어떤 관계가 있을까?

태양과 지구에는 깊은 연관이 있습니다. 태양의 표면에 있는 '흑점'이 그 열쇠를 쥐고 있지요. 주변보다 자장이 강한 장소거든요. 과거 1645년부터 1715년까지 흑점이 거의 나타나지 않은 기간이 있었습니다. 신기하게도 이 시기에는 지구에 한랭화가 닥쳤지요. 일본과 한국을 포함한 여러 나라에서 대기근이 일어났고, 영국에서는 런던의 템스강이 자주 얼어붙었습니다. 이즈음에 자란 나무는 유독 나이테가 촘촘하게 들어차 있었는데, 이 나무를 써서 숙련된 솜씨로 만들어낸 것이 그 유명한 '스트라디바리우스' 바이올린입니다.

17세기 네덜란드 황금시대에 그려진 풍경화를 보면 구름 낀 하늘이 눈길을 끕니다. 이를테면 요하네스 베르메르의 《델프트의 풍경》이나 야곱 반 루이스달의 《두루스테데의 풍차》는 푸른 하늘을 가리는 먹구름이 인상적이지요.

왜 한랭화가 일어났는지는 밝혀지지 않았지만, 재미있는 가설이 있습니다. 은하에는 우주 방사선의 일종인 '은하 우

주선'이라는 높은 에너지의 입자가 날아다니는데, 평소에는 태양에서 지구 쪽으로 내뿜는 자장이 방어벽 역할을 하고 있습니다. 하지만 태양의 흑점이 적고 자장 방어벽이 약해지면 은하 우주선이 지구의 대기로 많이 날아오게 되겠지요. 은하 우주선은 구름 형성을 재촉하고, 대량으로 만들어진 구름은 지구로 내리쏟아지는 태양 빛을 우주로 반사시킵니다. 이 과정이 이어지면서 한랭화가 진행된 것으로 보는 설입니다.

지구의 기후는 너무 복잡해서 우리도 모르는 일들이 많이 일어납니다. 하지만 만약 스트라디바리우스의 음색이나 베르메르의 구름 낀 하늘이 은하나 태양과 연관이 있었다면…… 꽤 흥미로운 이야기죠? 우주에 대한 상상의 나래를 펼치면서 음악이나 미술을 감상해보는 것도 추천합니다.

2개의 수수께끼를 품고 계속 진화하는 은하

은하를 알면 '우주 전체'가 보인다!

'레슨 1. 지구'에서는 무수히 많은 은하가 쭉 늘어서서 마치 거품 같기도 하고 뇌 같기도 한 신기한 '우주의 대규모 구조'를 배운 덕분에 우주 전체의 모습을 상상할 수 있었어요.

은하 집단이 자아내는 실로 장관이었죠.

이번에는 은하에 어떤 종류가 있는지, 어떤 과정을 통해 그렇게 많은 별이 모이게 된 건지 궁금해요. 은하들은 각자 어떻게 되어 있는 건가요?

맞아요. 살짝 깨물어보면 다 먹고 싶어지는 게 바로 우주의 묘미죠! 은하가 쭉 늘어선 우주에서 가장 큰 구조물이 '우주의 대규모 구조'였으니까, 은하 하나를 알면 전체 우주가 보일 겁니다. 먼저 우리가 사는 '우리 은하'를 이야기해보고, 그다음에 은하 전체에 공통적인 이야기를 해볼게요.

'도라야키' 같기도 하고 '나루토마키' 같기도*8 한 은하수의 모양

앞에서 설명했듯이 태양계는 약 2,000억 개의 항성으로 이루어진 '우리 은하'에 소속되어 있어요.

> 견우와 직녀로 유명한 '은하수' 말이죠.

우리 은하는 전체적으로 별이 드문드문 분포한 원 모양인데요, 그 안에 별이 밀집한 원반 모양의 영역이 있어요. 원반을 옆에서 보면 중앙이 부풀이 올라 있는데, 위에서 보면 예쁜 소용돌이 모양이 나타나죠.

> 우와, 우리 은하는 옆에서 보면 도라야키 같고 위에서 보면 일본 라면에 들어가는 나루토 같이 생겼군요. 우리 은하의 크기는 어느 정도인가요?

은하를 이야기할 때는 광년이라는 단위를 씁니다. 빛이 1년 동안 이동하는 거리를 '1광년'이라고 하는데, 환산하면 약 10조 킬로미터예요. 이 단위를 사용하면 우리 은하의 원반은 두께가 약 1만 5,000광년이고 지름이 약 10만 광년이죠.

> 빛의 빠르기로 달려도 끝에서 끝까지 10만 년이나 걸린다는 거네요!? 고작 은하 하나인데도 이렇게 클 줄이야……. '레슨 1 지구'에서 '태양계는 우리 은하의 외곽에 있다'라고 하셨는데, 실제로는 어느 위치에 있는 거예요?

---

*8 _____ 일본의 먹거리입니다. 도라야키는 동그랗고 넓적한 모양으로, 가운데에 팥이 많이 들어가 가장자리는 좀 얇고 가운데가 도톰하게 올라와 있습니다. 나루토마키는, 자르면 안에 회오리 모양이 나타나는 어묵입니다.

우리 은하의 모양

옆에서 보는 은하수와 위에서 보는 은하수는…… 어떻게 다를까?

옆에서 보면 도라야키처럼 가운데 부분이 볼록 솟아 있다

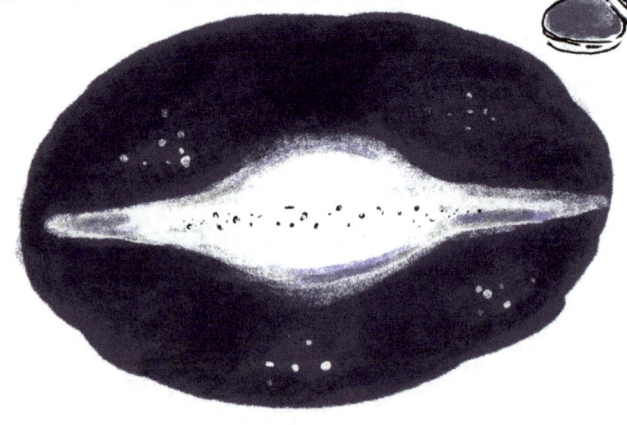

←──────── 10만 광년 ────────→

위에서 보면 나루토마키처럼 소용돌이 모양이다

태양계가 있는 곳

태양계는 은하의 중심과 테두리의 중간 부근이에요. 거리로 따지면 은하의 중심에서 약 2만 6,000광년 떨어진 곳에 있죠. 여름 밤하늘에 보이는 은하수는 우리 은하 안쪽에서 은하의 중심 쪽을 바라보는 광경이고, 원반의 두께가 얇기 때문에 폭이 좁은 강처럼 보여요.

그랬군요! 견우와 직녀 사이에 놓인 은하수는 사실 거리가 아득하게 멀었던 거군요.

우리 은하와 안드로메다 은하가 충돌!? 앞으로 어떻게 될까?

사실 여름 밤하늘의 경치는 아직 서장에 불과해요. 앞으로 극적인 진화를 이룰 거거든요.

네? 은하수가 진화한다는 말씀인가요?

안드로메다 은하가 열쇠를 쥐고 있어요. 안드로메다 은하는 우리 은하가 소속된 '국소은하군' 안에서 가장 큰 은하에요. 우리 은하처럼 소용돌이 모양을 띠고 있는데, 항성의 수가 약 1조 개, 원반의 지름은 약 22만 광년이나 돼요.

우리 은하보다 훨씬 더 크네요.

그래서 안드로메다 은하는 지구에서 약 250만 광년이나 멀리 떨어진 장소에 있는데, 불빛이 없는 어두운 곳에서는 맨눈으로도 흐릿한 원반 모양을 관찰할 수 있어요.

우와, 맨눈으로도 보이는군요.

안드로메다 은하는 엄청난 속도로 우리 은하에 접근하고 있어요. 언젠가는 우리 은하와 안드로메다 은하가 충돌해서 하나로 합쳐질 거예요.

앗, 우리 은하가 충돌한다고요!? 지구는 괜찮은가요?

사실 은하와 은하가 부딪쳐도 별과 별은 거의 부딪칠 일이 없어요. 항성과 항성 사이가 널찍하게 떨어져 있으니까 의외로 문제없거든요.

그 말을 들으니 안심이에요. 은하의 충돌은 언제쯤 일어날까요?

약 40억 년 후로 예측돼요. 충돌이 시작되면 은하수는 일그러지고 안드로메다 은하의 소용돌이와 얽혀요. 가스가 압축되면서 아기별도 많이 탄생하겠죠. 아마 역사상 가장 아름다운 천체 쇼를 지상에서 볼 수 있을 거예요. 20억 년 정도 걸려서 천천히 합체하고, 지금으로부터 약 60억 년 후에는 하나의 거대한 은하가 되는 거죠.

우와, 보고 싶어요! 그땐 당연히 이 세상에 없겠지만……. 그러고 보니 '레슨 4'에서 나왔던 태양의 수명(약 50~60억 년 후)과 타이밍이 겹치지 않나요?

그걸 기억하고 있었네요. 태양이 수명을 다해 백색왜성으로 넘어갈 때, 우리 은하는 안드로메다 은하와 충돌하고 합체되겠죠. 시기가 겹치는 건 우연이고요.

소속된 프로젝트 팀이 소멸하면서 새 회사와의 합병이 동시에 일어나는 막장극이 펼쳐지겠네요……. 우주는 정말 드라마 같아요.

반짝이는 보석처럼 은하에는 다양한 모양이 있다

우주에는 아직도 많은 은하가 있어요. 관측 가능한 범위 안에 2조 개나 있다고 해요.

'2조'라니, 국회 예산 이야기할 때나 들어본 숫자네요.

은하가 그렇게 많으면 '항성의 수'나 '형태', '활동성'에도 차이가 생겨요.

그렇게 달라요?

민지 '항성의 수'를 보면, 우리 은하에는 '약 2,000억 개'의 항성이 있거든요. 그런데 항성의 개수가 '수십 억 개'를 넘지 않는 '왜소은하'도 있어요. 반대로 안드로메다 은하에는 항성이 '1조 개'나 있고, 그보다 항성의 개수가 훨씬 많은 거대 은하도 있고요.

데일리로 차고 다니는 목걸이와 왕실 관계자가 찰 만한 번쩍번쩍 호화로운 목걸이처럼 은하에도 차이가 존재한다는 거군요.

바로 그 보석처럼 은하의 모양도 여러 가지죠. 우리 은하처럼 중앙에 막대 모양의 구조가 이는 '막대 나선 은하', 소용돌이 모양의 '나선 은하', 원반처럼 평평하지만 소용돌이는 나타나지 않는 '렌즈형 은하', 전체가 둥근 모양을 띤 '타원 은하', 모양이 독특한 '특이 은하' 등이 있어요. 은하의 대다수는 나선 모양이고요.

우리 은하는 다수파였군요. 그런데 모양이 상당히 독특한 은하도 있네요.

은하끼리 충돌하면 모양이 특이해져요. 우리 은하는 안드로메다 은하와 충돌하는 동안에는 '특이 은하'가 되고, 합체한 후에는 '타원 은하'가 될 예정이에요.

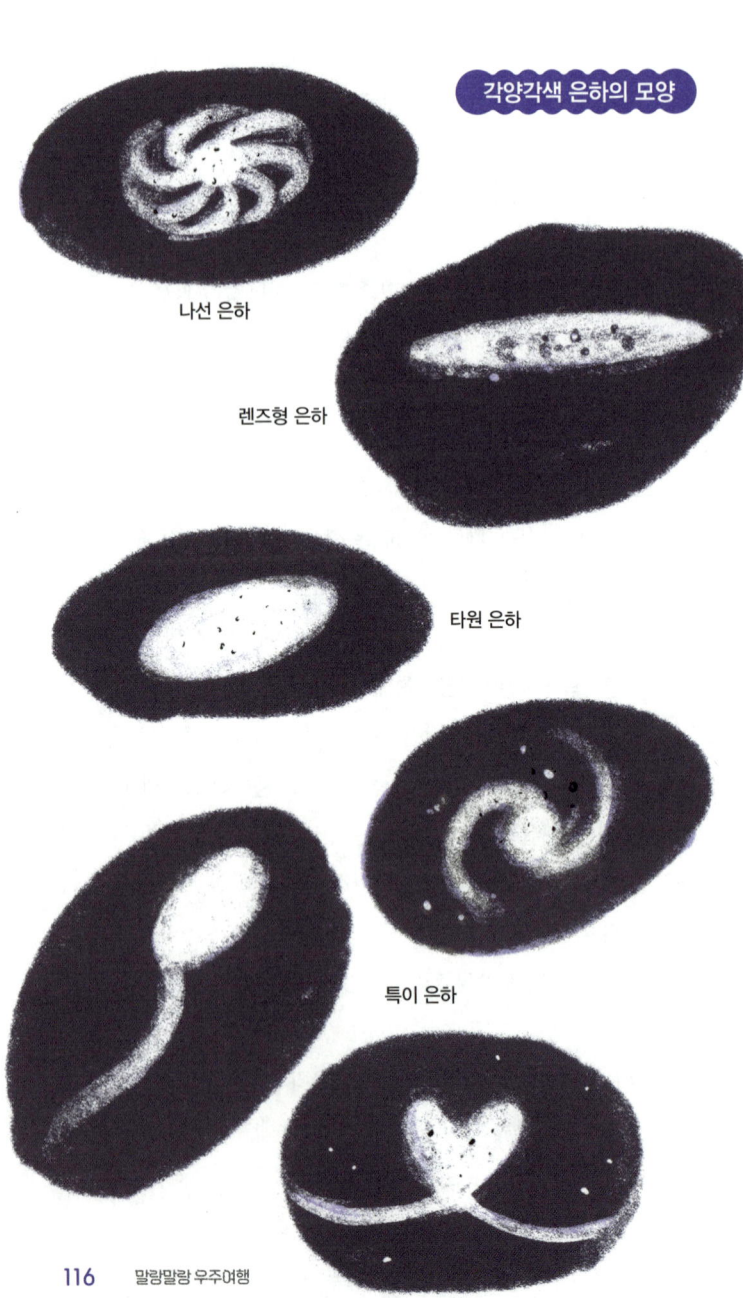

각양각색 은하의 모양

나선 은하

렌즈형 은하

타원 은하

특이 은하

　　　　애벌레가 자라서 나비가 되는 것처럼 은하 모양도 변해가는 거군요.
충돌해서 모양이 바뀔 수도 있고, 새 별이 태어나서 모양이 바뀔 수도 있어요. 아주 재미있는 존재죠. 그런 은하에는 '활동성'에도 차이가 있어요.
　　　　은하가 활동을 해요?
은하 중에는 막대한 에너지를 만들어서 강렬하게 전자파를 내뿜는 것이 있어요. 이런 은하를 활동 은하라고 해요. 활동의 주 거점은 은하의 중심에 있죠. 어느 정도 활동하는지는 은하에 따라 다른데, 중심에서 내뿜는 빛이 은하 전체의 빛보다 훨씬 강한 경우도 있어요.
　　　　우리 은하도 활동을 하고 있나요?
우리 은하나 안드로메다 은하의 활동성은 약해요. 활동적인 은하는 지극히 드물어요.

은하가 가진 '두 가지 수수께끼'

은하에는 항성의 수, 모양, 활동성에 여러 차이가 있는데, 모든 은하는 2개의 공통된 난제를 안고 있어요. 둘 다 '우주과학 최대의 수수께끼'라고 할 수 있을 만큼 신기한 존재예요.

> **은하가 안고 있는 '2개의 수수께끼'**
> ❶ 은하 전체를 따라다니는 '암흑물질'
> ❷ 은하 중심에 버티고 있는 '블랙홀'

① 은하 전체를 따라다니는 '암흑물질'

은하 전체에는 눈에 보이지 않는 정체불명의 물질이 따라다녀요. 이 물질을 암흑물질이라고 해요.

> 꼭 악당 같은 이름이네요. 그런 정체불명의 물질이 따라다닌다니, 왠지 섬뜩한데요.

거의 모든 은하는 거대한 암흑물질 덩어리에 둘러싸여 있어요. 우리 은하도 안드로메다 은하도 마찬가지예요. 암흑물질의 중력 덕분에 은하의 별들이 뿔뿔이 흩어지지 않고 모양을 유지하고 있는 거죠.

> 네? 별이 모여서 은하의 모양을 이루고 있는 건 암흑물질 덕분이라는 말씀인가요?

그뿐만 아니라, 암흑물질은 별이나 은하의 탄생에도 관여했어요. 아직 별이 없던 텅 빈 우주에 암흑물질 덩어리가 제일 먼저 생겼고, 그 중력 때문에 먼지가 모여서 별이 생겼고요. 그렇게 수많은 별이 모여서 은하가 만들어진 거죠.

> '레슨 4'에서 '항성은 어떠한 계기로 가스가 모여서 만들어졌다'라고 이야기했는데, 혹시 암흑물질도 그 계기 중 하나였다는 건가요?

역시 눈치가 빠르네요! 암흑물질은 '별이나 은하를 낳은 어머니' 같은 중요한 존재인데도 아직까지 그 정체를 밝혀내지 못해 골치가 아파요.

> 암흑물질은 대체 어떤 걸까요? 너무 궁금해요……

② 은하 중심에 버티고 있는 '블랙홀'

한 가지 특징이 더 있는데, 은하의 중심에는 '블랙홀'이 있어요.

> '암흑'이라는 둥 '블랙'이라는 둥, 은하가 그런 어둠을 안고 있었다니…….

모든 은하가 다 그래요. 거의 모든 은하의 중심에는 거대한 블랙홀이 버티고 있죠.

> 그건 '레슨 4'에 나왔던 '별의 죽음'으로 생기는 블랙홀과 같은 거예요?

별이 죽은 후에 나타나는 블랙홀은 무게가 고작 해야 '태양의 몇 배 정도'밖에 되지 않아요. 우리 은하에는 '태양보다 400만 배' 더 무거운 블랙홀이 있는데, '태양보다 100억 배' 이상 더 무거운 블랙홀도 있는 등 상상을 초월하는 존재죠. 그래서 은하 중심에 있는 거대 블랙홀을 '몬스터 블랙홀'이라고 부르는 연구자도 있어요.

> 블랙홀은 안 그래도 정체를 알 수 없는데 그렇게 무시무시한 몬스터까지 존재할 줄이야……

이 은하 중심에 있는 블랙홀에 많은 물질이 빨려 들어가면, 은하는 점점 활동적으로 변하겠죠. 우리 은하에는 물질이 많이 들어가지 않았기 때문에 활동성이 약한 거고요.

> 굶주려서 활동할 기력이 없는 거군요.

그런 셈이죠. 그리고 신기하게도 은하와 블랙홀은 서로 영향을 주고받으면서 여기까지 성장하고 진화해 왔을 가능성이 있어요.

> 은하와 블랙홀이 같이 진화했다고요? 그러고 보니 10개의 질문 중 1번 질문에서 '지구와 생명은 서로 영향을 주고받으며 진화해

은하의 구조

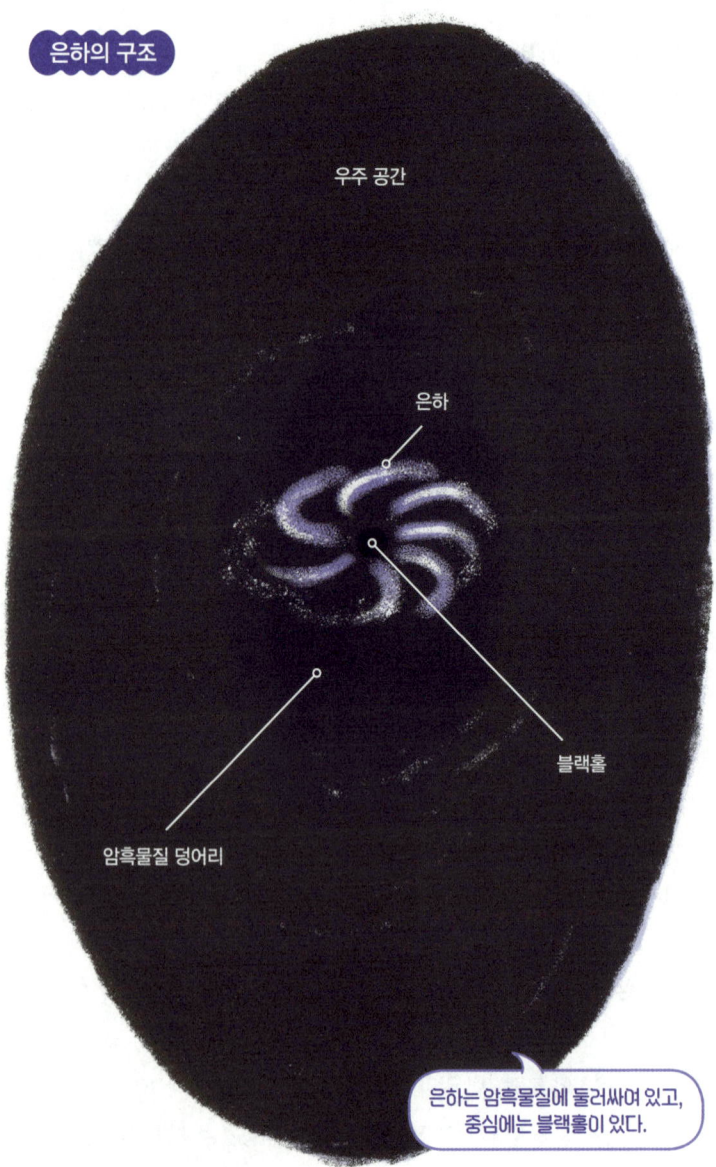

우주 공간

은하

블랙홀

암흑물질 덩어리

은하는 암흑물질에 둘러싸여 있고, 중심에는 블랙홀이 있다.

왔다'라는 이야기가 있었네요.

이런 관계를 '공진화'라고 해요. '지구와 생명의 공진화', '은하와 블랙홀의 공진화', 이런 식으로 말하죠. 그런데 은하와 블랙홀은 어떤 연결고리(물리적인 과정)가 있길래 서로 영향을 주며 성장하는지 아직 밝혀내지는 못했어요[*9].

그 둘이 어떤 관계인지 정말 궁금하네요.

대략적으로 말할 수 있는 건 '새로 태어난 별들이 많이 모이면 은하가 된다'라는 사실 정도예요. 하지만 그마저도 '암흑물질의 정체'나 '은하 중심에 있는 블랙홀의 역할'이라는 난제를 풀기 전까지는 그 과정을 세세하게 알 수 없어요.

'레슨 3'에 나온 '행성의 탄생'과 마찬가지로 '은하의 탄생' 역시 과제가 남아 있군요. 찬란한 은하의 본질이 눈에 보이지 않는 암흑물질이나 블랙홀에 있었다니……. 겉 다르고 속 다른 은하의 모습을 본 것 같은 기분이 들어요.

우주를 알아가는 묘미

지금까지의 레슨을 통해 지구, 달, 행성, 태양과 항성, 은하까지 기본 우주 지식을 탄탄하게 쌓았어요. 여기서 더 나아가 지구와

[*9] 몬스터 블랙홀은 별이 죽은 후에 나타나는 블랙홀과 비교하면 차원이 다를 정도로 크지만, 은하와 비교하면 매우 작습니다. 은하 중심에서 아주 자그마한 영역에 덩그러니 숨어 있는 블랙홀이 은하 전체와 서로 영향을 주고받을 수도 있다니 정말 신기합니다.

달의 연관성이나 행성과 소행성의 관계, 항성의 탄생이 우리 생활에 미친 영향, 여름 밤하늘의 풍경과 우리 은하, 은하가 자아내는 대규모 구조까지 따로 놀던 지식들이 하나둘 이어지는 듯한 기분도 들어요.

그러게, 차곡차곡 쌓이고 있네요!

그런데 암흑물질도 그렇고 블랙홀도 그렇고 점점 더 미궁 속으로 깊이 빠지는 느낌인데요. 알게 된 사실이 많은 만큼 모르는 것도 늘어나서…….

알면 알수록 깊이 빠져들어 갈 거예요. 이게 바로 우주를 공부하는 묘미기도 하고요.

처음부터 속 시원하게 다 알아버리면 무슨 재미가 있겠어요. 점점 더 우주가 궁금해지는데요!

레슨 5 총정리

✦ 은하는 별의 수, 모양, 활동성에 차이가 있으며 종류도 많고 다양하다.
✦ 은하 전체에는 정체를 알 수 없는 '암흑물질'이 따라다닌다. 은하의 형태를 유지해 줄 뿐만 아니라 은하의 탄생과도 관련이 있다.
✦ 은하의 중심에는 '거대한 블랙홀'이 버티고 있다. 은하의 진화와 관련이 있는 듯한데, 아직 베일에 싸여 있다.

당신은 천문학자 타입? 우주비행사 타입?

행성, 항성, 은하를 연구하는 사람을 '천문학자'라고 합니다. 망원경으로 관측하기도 하고 컴퓨터로 계산을 하면서 머나먼 별 세계를 파헤치는 사람들입니다. 한편으로는 직접 우주에 나가서 과학 실험을 하는 사람도 있습니다. 바로 '우주비행사'들이에요.

영화 《쥬라기 공원3》에서 고생물학자 그랜트 박사와 열두 살 소년의 대화가 아주 인상적입니다.

<u>박사</u> 남자 아이들은 두 가지 타입으로 나뉘어. 천문학자가 되고 싶은 아이와 우주비행사가 되고 싶은 아이. 천문학자나 나 같은 고생물학자는 안전한 장소에서 경이로운 것들을 연구하지.
<u>소년</u> 그럼 우주에는 못 가는데요.
<u>박사</u> 맞아. 머리로 상상하는 것과 몸소 느끼는 것. 그 차이가 있어.

소년으로 지칭했지만, 성별이나 나이와 상관없이 통용되는 이야기일 겁니다. 어떤 사람들은 '안전한 장소에서 머리를 굴리는 천문학자 타입'이고, 어떤 사람들은 '위험한 장소라 할지라도 몸으로 부딪치지 않고서는 못 배기는 우주비

행사 타입'이라는 것이 그랜트 박사의 지론입니다. 꽤나 흥미로운 주장이지요.

저는 안전한 방에 앉아 인공위성이 취득한 데이터를 부지런히 해석해왔습니다. 2022년에 우주비행사 선발 시험에 지원했지만 허무하게 불합격했고요. 아무래도 천문학자 타입인 모양입니다. 하지만 일상생활에서는 집에서 책을 읽으며 생각에 잠기는 경우도 있고, 밖에서 멧돼지 사냥에 나서는 경우도 있었습니다. 무엇이든 0 아니면 100으로 쏠리는 게 아니라, '천문학자 70%, 우주비행사 30%'라는 식으로 섞여 있겠지요.

그러고 보니 시리즈 첫 작품인 《쥬라기 공원》에 '생명은 위험을 무릅쓰고서라도 담장을 무너뜨려 자유로운 성장을 원한다'라는 내용이 있었습니다. 누구나 우주비행사의 요소를 갖고 있다는 뜻이겠지요. 당신은 천문학자와 우주비행사, 어느 쪽 비율이 더 큰가요?

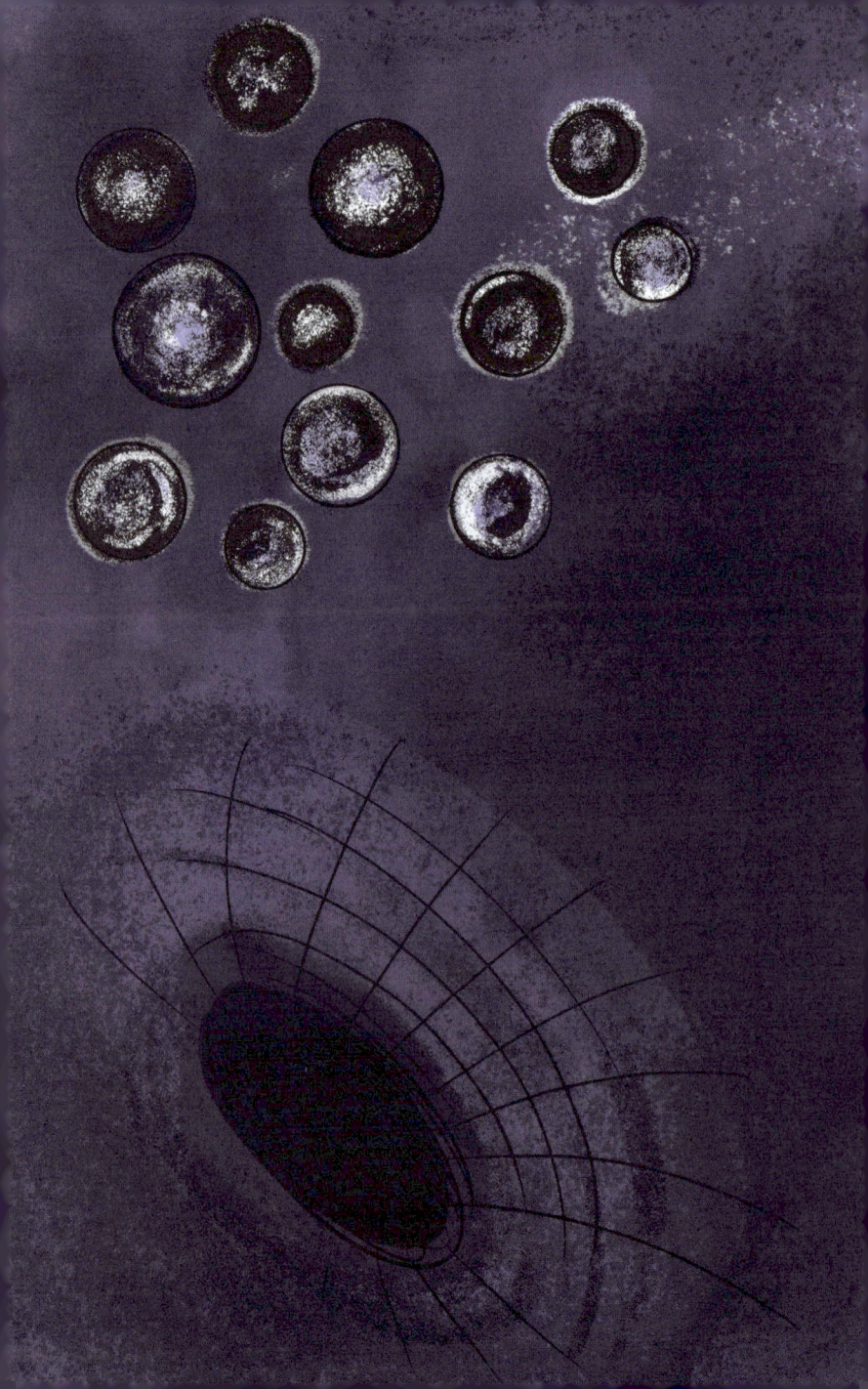

우주의 비밀에
더 깊이 빠져든다

기초 지식을 장착한 채 우주의 비밀에 한 걸음 더!

레슨 6 별이 빛나는 밤 Starry Night
직접 관찰하면 더 재미있다!

캠핑이 즐거워지는 '밤하늘 이야기'

'과학'과 '신화'를 더하면 최고의 별밤 타임

사실 저 솔로 캠핑을 시작해볼까 생각 중이에요.

집순이 도코가 어쩐 일이죠?

네. 이제껏 레슨에서 별 이야기를 많이 들었더니 자꾸 밤하늘을 올려다보게 되더라고요. '아예 자연 속에 들어가서 좀 더 느긋하게 관찰해볼까' 하는 생각이 들었어요. 그런데 기왕이면 별 관측에 대해 더 잘 알아야 알찬 시간을 보낼 수 있잖아요. 오늘은 솔로 캠핑을 즐길 수 있도록 별의 관측 이야기를 해주세요.

좋죠! 사실 머릿속을 텅 비우고 멍하니 밤하늘을 바라보기만 해도 기분이 아주 좋을 거예요. 거기에 '과학'이나 '신화'를 곁들이면 최고죠. 과학은 현실에서 이어지는 상상력을 불러일으키고, 신화는 자유자재로 생각할 수 있는 영감을 주거든요. 오늘은 별똥별(유성), 항성, 행성, 은하수에 대해 과학과 신화라는 두 가지 측면에서 이야기해볼게요.

박사님께 신화 이야기를 들을 줄은 생각도 못 했어요. 기대가 되는데요!

별똥별에 소원을 빌어라!

우선 별똥별을 이야기해보죠. 도코는 별똥별을 본 적이 있나요?

> 어릴 때 딱 한 번 본 적이 있는데, 눈 깜짝할 새에 시러져시 소원을 빌 정신이 없었어요. 어른이 된 후로는 코빼기도 보질 못했고요. 요즘에야 드디어 밤하늘에 눈길을 주기 시작했는데 말이죠.

별똥별의 정체를 알면 만날 확률이 확 올라갈 걸요.

> 뭐라고요!? 제발 가르쳐 주세요! 제가 요즘 고민투성이라······. 이루고 싶은 소원이 산더미처럼 있다고요!! 그런데 '별똥별에 소원을 3번 빌면 이루어진다'라는 말은 왜 나온 거예요?

서양에서 전해져 내려오는 신화에서 왔어요. 이런 내용이죠.

> 하늘나라에는 신이 살고 있다. 신은 가끔씩 지상 세계가 궁금해서 방의 창문을 빼꼼 열고 아래를 내려다본다. 그리고 힐끗 보나 싶더니 이내 창문을 휙 닫아버린다.
> 창문을 열었을 때 하늘의 방에서 새어 나오는 빛이 지상에서는 별똥별로 보인다. 별똥별이 보이는 동안에 소원을 빌면 신의 귀에 닿기 때문에 그 소원은 이루어진다.

우와, 별똥별은 '신의 곁눈질'이었군요!

어떻게 이런 상상을 했을까요. 소원이 신의 귀에만 닿아도 된다면 굳이 3번 되뇌지 않고 한 번만 해도 **충분할** 텐데요(웃음).

그러네요! 그건 할 수 있을 것 같은데요!

과학적인 관점에서 말하자면, 별똥별의 정체는 '우주를 떠도는 먼지'예요. 이 먼지가 지구의 공기와 부딪치면 밤하늘을 빠르게 날아가는 별똥별이 되죠. 1밀리미터밖에 되지 않는 작은 알갱이도 맨눈으로 보이거든요*10.

아니! 그렇게 작은 알갱이가 별똥별을 만든다고요?

우주 먼지는 하루에 약 100톤 정도 지구로 떨어진대요. 그래서 우리가 눈치 채지 못할 뿐이지, 낮에도 별똥별이 무수히 떨어지고 있을 거예요.

낮에도 보이면 기분이 참 좋을 텐데요.

가끔씩 하룻밤 사이에 수없이 많은 별똥별을 볼 수 있는 타이밍이 있어요. '혜성'이 키포인트예요. 혜성은 얼음과 먼지로 만들어진 천체인데, 태양의 열로 얼음이 녹아내리면 여기저기에 먼지를 흩뿌려요. 혜성이 지나는 길을 지구가 통과하면 하룻밤에 몇백 개나 되는 별똥별이 보이는 '유성우'가 되는 거죠.

유성우, 뉴스 같은 데서 본 적이 있어요. 별똥별을 본다면 유성우가 쏟아지는 날을 고르면 되겠네요.

---

*10 ── 국제천문학연합은 유성(meteor)을 만드는 물질을 '유성물질(meteoroid)'라고 부르며 크기가 약 30마이크로미터부터 1미터인 개체의 천연물질로 규정했습니다.

맞아요. 유성우 중에서도 특히 별똥별의 수가 많은 '3대 유성우'를 추천할게요. 8월 12일경의 '페르세우스자리 유성우', 12월 14일경의 '쌍둥이자리 유성우', 1월 4일경의 '사분의자리 유성우'까지, 3개를 알아두면 될 거예요.

네! 여름과 겨울이라……. 분위기가 다르겠네요.

기가 막힌 상상력! 별자리 이야기

이어서 밤하늘에 빛나는 별, '항성'을 이야기해볼게요.

'레슨 4'에서는 항성이 먼지 덩어리인데, 중심에서 핵융합반응이라는 특수한 반응이 일어나 빛을 만들어낸다는 이야기를 했어요. 항성이 태어나고 죽는 과정에서 만들어진 원소가 우리의 몸을 만들었다는 건 정말 낭만적이었지요.

원자가 각자 따로따로 드넓은 우주를 떠돌아다니다 이 한곳으로 모였다고 생각하면, 내 몸이 괜히 더 소중하게 느껴지잖아요. '혹시 내 오른손과 왼손이 각각 다른 별에서 온 거 아닐까!?' 같은 상상도 하면서 별을 바라보면 재미있겠죠.

그렇게 생각하면 저와 편집장님은 성격이 정반대라 각자 다른 별에서 왔을지도 모르겠네요. 왠지 마음이 편해졌는데요.

그런 식으로 생각하는 것도 나쁘지는 않네요(웃음). 그럼 먼 옛날 사람들은 별빛을 어떻게 받아들였을까요? 고대 이집트에서는 태양을 '라'라는 남신, 하늘을 '누트'라는 여신으로 여겼어요. 태양신 라는 배를 타고 하늘의 나일 강을 동쪽에서 남쪽, 그리고 서쪽으로 건넜고요. 거기서 하늘의 여신 누트에게 먹혀 몸속을 돌아다니게 돼요. 이때 하늘의 여신 누트의 몸속에서 새어 나온 태양신 라의 빛을 '별빛'이라고 했답니다.

> 우와! 별빛을 태양이 만들었다고 생각했군요. 뭐, 굳이 따지자면 태양이나 항성이나 빛을 만들어내는 구조는 똑같으니까 포인트는 잘 잡았네요. 그밖에 별자리 관련 신화도 많죠?

별의 위치를 보고 상상해낸 이야기들은 지역마다 제각각이에요. 이를테면 북극성 근처에 있는 '북두칠성'을 볼까요. 일본과 한국에서는 '국

고대 이집트의 우주관

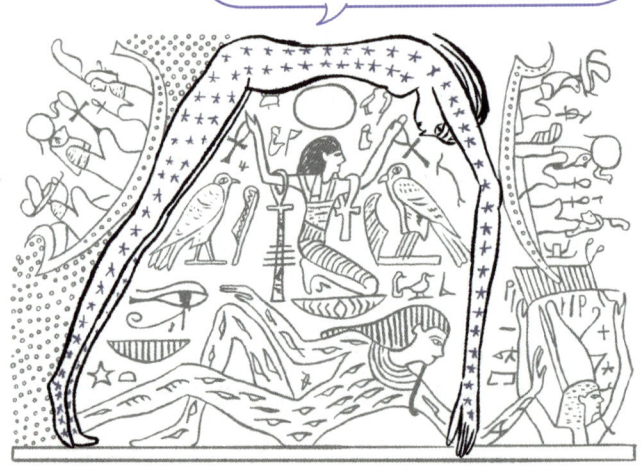

넙죽 엎드린 하늘의 여신 누트의 몸속에 태양신 라가 만들어내는 별빛이 '*' 마크로 그려져 있다. 이러한 무늬는 벽화나 파피루스에서 볼 수 있다.

자' 모양과 닮았다고 하는 북두칠성을 중국에서는 우주의 창조자인 북극성이 타고 다니는 탈것이라고 상상했어요.

> 와, 관점이 정말 다르군요. 물 뜨는 국자라고만 생각했는데 천체가 타고 다니는 것이라니, 발상이 정말 독특하네요.

많은 사람이 알고 있는 북두칠성은 '88개 별자리'에서 큰곰자리에 속하는데, 이 7개의 별은 '곰의 꼬리'에 해당해요.

그리스 신화에서 큰곰자리의 곰은 원래 젊은 여성의 모습을 한 정령인데, 신의 분노를 사는 바람에 곰으로 변하는 벌을 받아 하늘로 올라갔다고 해요. 그 신화가 만들어진 지역에서는 북두칠성이 지평선으로 저물지 않는다고 하는데, 사실은 그 곰이 영원히 용서받지 못한 채 쉬지도 못하고 계속 북극성 주변을 맴돌고 있는 거라고 하네요.

> 너무 슬프네요. 그런데 별의 모양을 보고 그리스 신화 내용에 반영했다는 점이 흥미로워요. 옛날 사람들은 상상력뿐만 아니라 관찰력도 대단하네요.

개성 강한 신들에 비유되는 '행성'

그 대단한 관찰력은 '행성'을 봐도 알 수 있어요.

> 행성은 태양 주변을 도는 크고 둥근 천체를 말하잖아요. 항성과는 달리 태양의 주변을 돌며 각자 제 갈 길을 가니까 밤하늘을 떠돌아다니는 것처럼 보인다고 해서 떠돌이별, 그러니까 '행성'이라고 부르는 것 아닌가요?

맞아요. 그런데 자기 페이스대로 움직인다고 해서 생각 없이 제멋대로 행동하는 건 아니에요.

당연하죠! 저도 '너만의 길을 가는구나'라는 소릴 자주 듣지만 이래 봬도 생각을 갖고 행동한다고요!

그런 말이 아니라……. 태양을 한 바퀴 도는 주기는 행성마다 정해져 있고, 태양에 가까울수록 짧아져요. 예를 들어 수성은 88일이고, 토성은 약 30년이에요. 이 차이는 밤하늘에서 움직이는 모습을 보면 알 수 있는데, 수성은 빠르고 토성은 천천히 움직이거든요. 그리스 신화에서는 행성을 신으로 간주하는데, 재미있는 건 수성이 발 빠른 전령의 신에 비유되고 토성은 느릿느릿한 늙은 신에 비유된다는 거예요.

우와, 행성의 움직임을 신들의 특징에 고스란히 넣었네요.

다른 행성들도 한번 보죠. 다이아몬드처럼 찬란하게 빛나는 금성은 미의 여신 아프로디테(비너스). 아름다운 모습에 비해 샘이 많아서 마음까지 아름답지는 않죠. 항성보다 더 밝게 빛나며 존재감을 뿜어내는 목성은 전지전능한 최고신 제우스(주피터). 신들의 꼭대기에 군림하지만 바람기가 다분해서 본보기가 되진 않죠. 피처럼 붉게 타오르는 화성은 전쟁의 신 아레스(마스). 그런데 실전에선 약해요.

행성의 겉모습을 그대로 표현하면서도 개성까지 강하네요.

신들을 둘러싼 이야기에는 로맨틱 스토리도 있고 인간미가 느껴지는 막장 스토리도 있어요. 여러 이야기를 알아놓고 행성을 바라보며 밤하늘을 수놓는 신들의 모습을 상상해보는 것도 재미있죠.

그 옛날 태어난 상상력이 시공을 초월해 현대에 되살아나는 기분이 들어서 너무 좋아요!

개성 넘치는 '그리스 신화의 신들'

화성의 신 아레스(마스)
체격이 떡 벌어지고 울퉁불퉁한 '전쟁의 신'이지만,
인간에게 질 정도로 약하다.

목성의 신 제우스(주피터)
신들의 꼭대기에 군림하는 '천둥의 신'
바람기가 다분하다.

수성의 신 헤르메스(머큐리)
발 빠른 '전령의 신'
태연하게 거짓말을 한다.

토성의 신 크로노스(새턴)
노인의 모습을 한 '농경의 신'
아들 제우스와 10년에 동안 긴 싸움을 벌였다.

금성의 신 아프로디테(비너스)
'사랑과 미의 여신'
사실 마음은 아름답지 않고 샘이 많다.

견우와 직녀로 유명한 '은하수', 사실은 겨울에도 볼거리!

이어서 여름 밤하늘의 풍물시 '은하수' 이야기를 해보죠.

> 기다렸어요! '레슨 5'에서 은하수는 우리 은하 안쪽에서 은하 중심을 바라본 모습이라고 하셨죠.

맞아요. 지구의 북반구가 여름일 때, 밤하늘은 우리 은하의 중심을 향하고 있어요. 사실 은하수 자체는 1년 내내 지상에서 보이는데, 계절에 따라 보이는 부분이 달라지는 것뿐이에요. 겨울에는 우리 은하의 테두리 부분을 향하니까 별의 수는 적지만, 자세히 보면 희미한 띠가 보이긴 하거든요. '겨울 은하수'라는 계절어가 있을 정도로 겨울 은하수도 무척 운치가 있죠.

> 겨울 은하수라니요! 마니아들이 좋아할 것 같아요. 지름 10만 광년짜리 아득히 큰 은하가 보인다고 생각하니 대단하네요.

태고의 사람들이 그런 걸 알 길도 없으니 많은 지역에 나타난 '하얀 띠 모양'이 '강'으로 보였던 거예요. '은하수'라는 말도 보고 느낀 걸 그대로 언어로 표현한 거죠.

> '은가루를 뿌린 강'이라는 거죠. '칠석의 전설'도 강을 사이에 둔 견우와 직녀의 이야기잖아요. '은하수'라는 이름을 붙일 때, '은'이라는 글자를 선택한 부분에 센스가 느껴져요. '하얀 강'이 아니라 '은빛 강'이라니, 우주 느낌이 물씬 풍기잖아요!

확실히, 은이 아니었으면 느낌이 달라졌을 것 같네요. '하얀 띠 모양'을 보고 다른 상상을 했던 지역도 있어요. 그리스 신화에서는 '영웅 헤라

틴토레토 《은하수의 기원》

그리스 신화를 모티브로 그려진 작품.
신화에서는 아기 헤라클레스가 여신 헤라의 젖을 물자
젖이 하늘로 흩뿌려지면서 '은하수'가 되었다고 한다.

클레스가 아기 시절 여신 헤라의 젖을 물자 하늘로 흩뿌려지는 바람에 은하수가 되었다'라는 이야기가 있어요. 고대 그리스어로 '젖'을 뜻하는 'gala'에서 파생되어 'galaxy(갤럭시)'가 되었죠. 은하수를 영어로 'milky way(밀키웨이, 우유 길)'라고 하는 것도 같은 신화에서 유래했어요.

그렇군요. 여신의 젖이라 밀키웨이라는 말이 되었군요.

은하수를 자세히 관찰하면 별이 보이지 않는 어두운 부분이 있어요. 이건 은하 안에 있는 가스가 빛을 흡수하기 때문인데요. 페루의 산골짜기에 사는 사람들은 '은하수에서 별이 적은 어두운 부분'의 모양을 보고 동물 모습을 상상했다고 해요.

별과 별을 이어서 별자리를 그린 것도 모자라 별이 없는 부분을 보고도 상상력을 발휘했다는 건가요? 정말 허점을 제대로 찌르는 상상력이네요.

그리고 기나긴 가뭄이 이어지자 '천상의 강을 조금만 나눠서 지상으로 비를 뿌려 달라'라는 소원을 담아 신에게 보이도록 하늘 동물의 그림을 크게 그린 것이 '나스카 라인'이라는 설도 있어요.

오오, 나스카 라인이라면 땅에 선으로 이어 그린 거대한 그림 말씀이죠? 나스카 라인과 은하수라니, 생각지도 못한 조합이네요!

과학은 밤하늘의 별을 한 단계 더 즐기기 위한 '양념'

원래는 밤하늘을 바라볼 때 굳이 말이나 지식 같은 건 없어도 돼요. 느낌 가는 대로, 취향에 맞게 즐기면 되죠.

> 제가 지금까지 계속 그랬어요. 그런데 이번 기회에 과학과 신화 이야기를 배웠더니, 멍하니 보고만 있을 때랑은 관점이 달라지더라고요.

쉽게 말하면 과학이나 신화는 밤하늘의 별을 한 단계 더 즐겁게 만들어주는 '양념' 같은 거예요. 재료(별) 본연의 맛도 좋지만, 양념(과학이나 신화)을 치면 감칠맛이 확 살아나는 것처럼요.

> 재료의 감칠맛이 살아나니까 풍미가 더 깊어진 건 확실해요! 둘 다 저의 상상력을 자극해서 끌어내 줬으니 간이 잘 된 양념이라고 할 수 있죠.

과학과 신화는 방법이 다를지언정 자연을 꼼꼼하게 관찰하고 상황을 설명하려는 마음이 담겨 있어요. 나는 과학으로 현상을 밝혀낼 때면 크게 감동하다가도 옛날 사람들의 관찰력과 발상력을 보면 혀를 내두를 정도예요. 밤하늘의 별을 즐기는 방법은 무한대로 있으니까 본인만의 즐거움을 발견하면 좋겠어요.

> 과학과 신화에 '문학'을 더하는 것도 괜찮지 않을까요? 별을 주제로 한 소설이 많이 있으니까요. 캠핑에 가서 먼 옛날 사람들을 떠올리며 밤하늘을 관찰하고 책도 읽으면 너무 멋질 것 같아요. 캠핑이 몇 배는 더 즐거워질 것 같은데요!

레슨 6 총정리

+ 별똥별을 보고 싶다면 1월의 '사분의자리 유성우', 8월의 '페르세우스자리 유성우', 12월의 '쌍둥이자리 유성우'가 떨어지는 날을 고르면 된다.
+ 별이 그려내는 이미지를 상상해서 별자리나 행성의 신화에 반영하기도 했다.
+ 별을 즐기는 방법은 무궁무진하다. 본인만의 방법을 찾아보자!

레슨 7 거대 운석 Huge Meteorite

'거대 운석'이 지구로 떨어진다면?

인류를 위한 비책 5개

언젠가는 일어난다! 지구와 거대 운석의 '충돌'

박사님! 사실 저 지금 두려움에 떨고 있어요!

도코, 왜 그래요? 얼굴에 불안이 가득한데요…….

얼마 전에 특집 페이지 힌트 좀 얻어 보려고 영화 〈아마겟돈〉을 봤는데요, 거대 운석이 지구로 점점 다가오는 장면을 보고 겁이 덜컥 났어요. 그런 일이 실제로 일어날 수 있나요? 이제 마음 놓고 별을 못 쳐다보겠어요.

하하하, 그랬군요. 결론부터 말하자면…… 거대 운석의 충돌은 반드시 일어나요. 언제 일어나고 어떻게 대처해야 할지가 문제죠. 정말 흥미롭지 않나요?(히죽)

네!? 웃을 때가 아닌데요!

좋아요. 이번에는 '지구와 천체의 충돌'에 대해 이야기해볼게요. 무서울 때 무서워하더라도 왜 무서운지 잘 알아야 하잖아요. 그러니까 '운석이란 무엇인가', '어느 정도의 빈도로 지구에 오는가', '충돌에 대비해 어떤 대책을 세워야 하는가'에 대해 설명해볼게요.

> 왜 무서운지 잘 알아야 한다니, 살짝 걸리긴 하지만 설명 부탁드려요.

〈아마겟돈〉은 소행성, 〈너의 이름은〉은 혜성

먼저 기본적인 것부터 살펴보죠. '운석'은 우주에서 지구로 날아와 지상에 떨어진 암석을 말해요. 지구로 날아오는 천체로는 '소행성'이나 '혜성'이 있거든요[*11]. 둘 다 영화나 소설에 자주 등장하는 소재인데, 작품을 주의 깊게 보면 소행성인지 혜성인지 아마 분명히 묘사가 되어 있을 거예요.

> 그러고 보니 얼마 전에 본 《아마겟돈》에서는 소행성이었던 것 같아요. 영화 〈너의 이름은〉에서는 혜성이 나왔죠.

맞아요. 둘은 과학적으로 생판 남이라고 할 수 있어요. '레슨 3'에서도 설명했듯 소행성이 '미처 행성이 되지 못한 암석 덩어리'인 반면, '레슨 6'에서도 보았듯 혜성은 '얼음과 먼지 덩어리'죠.

> 같은 '운석'이라도 천체 자체가 아예 다르다는 말씀이군요.

[*11] 어쩌다 한 번씩 달이나 화성의 파편이 지구로 날아오는 경우도 있습니다.

> **운석의 정체(운석 충돌이 나오는 작품을 예로)**
> ○ 소행성…미처 행성이 되지 못한 암석 덩어리
>   (예: 영화 〈아마겟돈〉, 소설 《종말의 바보》)
> ○ 혜성…얼음과 먼지가 섞인 덩어리
>   (예: 영화 〈딥 임팩트〉, 〈너의 이름은〉, 〈돈 룩 업〉)

지구의 운명은 '중력의 장난'에 달렸다!?

소행성이나 혜성은 태양계에 얼마나 있어요?

확인된 것만 해도 소행성은 100만 개 이상이고, 혜성은 4,000개 이상이에요.

그렇게 많아요!?

지구와 충돌한다는 사실을 생각하면, 태양계 내에서도 어느 위치에 있는지가 중요하겠죠. 소행성들은 대부분 '레슨 3'에서 이야기한 '소행성대'에 있어요.

화성과 목성 사이의 영역이었죠?

까먹지 않았군요. 혜성은 원래 아주 추운 해왕성 바깥쪽에서 만들어진 것이라 태양의 중력에 이끌려 먼 길을 바지런히 달려오죠. 태양 주변을 여러 바퀴 도는 것도 있고, 태양으로 딱 한 번 가까이 다가갔다가 영영 돌아오지 않는 것도 있어요.

단골손님도 있고 뜨내기손님도 있군요.

그중에서도 지구 근처를 지나는 소행성이나 혜성이 우리에게 위협을 주겠죠. 원래 소행성대에 있었던 소행성이나 해왕성 바깥쪽에 있던 혜성이 궤도를 바꿔서 지구 근처를 서성이는 경우가 있어요. 이런 천체를 '근지구 천체'라고 해요. 99% 이상이 소행성이라서 '근지구 소행성'이라고도 하고요[*12].

무섭네요……. 근지구 소행성은 어느 정도 있어요?

현재 확인된 것만 따지면 3만 개 이상이나 돼요. 그중에서도 궤도가 지구에 아주 가까이 접근하기 때문에 만약 충돌하면 막대한 피해가 예상되는 소행성을 '잠재적으로 위험한 소행성'이라고 부르는데, 그 수는 2,000개를 넘어요.

그렇게 많다고요!?

소행성이나 혜성은 태양의 중력뿐 아니라 행성의 중력에도 영향을 받는다는 사실을 잊지 말아요. 소행성이나 혜성이 갑자기 슝 하고 궤도에서 튕겨 나가 지구를 향해 돌진하는 경우도 있을 수 있으니까요.

으아, 오싹한데요.

지구의 운명을 중력의 장난이 좌우한다고 볼 수 있어요. 천문학자 칼 세이건은 '우리들은 우주의 사격 연습장 안에 살고 있다'라는 명언을 남겼을 정도예요.

그 뜻은 언젠가는……. 하찮은 실력이라도 여러 발 쏘다 보면 그중 하나는 맞을 수도 있잖아요. 전 운석 때문에 죽기 싫어요. 아직 꿈 많은 아이라고요……(엉엉).

[*12] 탐사기 '하야부사'가 착륙한 소행성 이토카와나 '하야부사2'가 착륙한 소행성 류구는 둘 다 근지구 소행성입니다. 궤도에 따라서는 지구를 위협하지만, 지구에서 가깝기 때문에 조사하러 가기 쉽다는 장점도 있습니다.

거대 운석이 충돌할 확률은?

잠재적으로 위험한 소행성은 아주 많지만, 가까운 미래에 지구와 부딪힐 확률이 높은 위험한 소행성은 없다고 해요.

그래요? 다행이다! 그런데 그걸 어떻게 알았어요?

세계 곳곳에는 위험한 소행성을 망원경으로 관측하는 기관이 있어요. 일본에는 오카야마현 이바라시 비세이초(美星町)에 있는 '비세이 스페이스 가드 센터'가 그 역할을 맡고 있죠.

아름다운(美) 별(星)의 마을(町)에서 지구의 시민을 지켜보고 있었군요! 그러면 마음이 놓이네요.

하지만 100% 안심하기엔 일러요.

네!?

2013년에 러시아 첼랴빈스크주에 지름 19미터짜리 소행성이 날아왔어요. 소행성은 상공에서 폭발했는데, 그 충격파 때문에 유리창이 깨지고 1,600명 이상이 부상을 당했고요. 고작 이 정도 크기의 소행성으로도 인적 피해는 생기는데, 크기가 작아서 망원경으로 파악하기가 쉽지 않아요.

그럼 쥐도 새도 모르게 다가와서 지구에 해를 입힐 수도 있겠네요.

2019년에는 무려 지름이 130미터나 되는 거대 소행성이 지구에 이상 접근을 했는데, 바로 전날까지 아무도 알아차리지 못했어요. 위험한 천체를 신속하고 더 정확하게 알아낼 수 있는 관측 시스템을 구축할 필요가 있죠.

그렇게 큰 소행성이 이상 접근을 했었다니……. 위험한 천체는 어느 정도의 확률로 지구에 오는 건가요?

관측 데이터로 계산한 결과는 이렇게 돼요.

> **지구로 다가오는 천체의 충돌 빈도**
> ○ 지름 1미터급 ⇨ 열흘에 한 번꼴
> ○ 지름 10미터급 ⇨ 수십 년~100년에 한 번꼴
> ○ 지름 50미터급 ⇨ 1000년에 한 번꼴
> ○ 지름 10킬로미터급 ⇨ 1억 년에 한 번꼴

우와, 작은 크기는 생각보다 더 자주 오네요!

작은 천체일수록 찾아오는 빈도야 당연히 높지만, 대부분 바다로 떨어지거나 지상에서도 대부분 사람이 살지 않는 곳에 떨어져요.

휴, 살았다~

아까 언급했던 러시아에 피해를 입힌 지름 10미터짜리 천체 충돌은 수십 년에서 100년에 한 번꼴로 찾아와요. 6,600만 년 전에 공룡을 멸종으로 내몰았던 건 지름 약 10킬로미터짜리 거대 천체의 충돌이었는데, 이렇게 대량으로 멸종을 일으키는 거대 천체의 충돌은 1억 년에 한 번 정도로 추측돼고요.

만약 위험한 천체가 지구로 떨어진다는 사실을 미리 알면 어떻게 대처해야 하죠?

거대 운석 vs. 인류가 준비한 '5개의 대책'

위험한 천체가 지구에 충돌한다는 사실을 알게 되면 어떻게 할까요? 5개의 대책이 있어요.

> **거대 운석 vs. 인류가 준비한 '5개의 대책'**
> ❶ 핵폭탄으로 파괴한다.
> ❷ 우주선을 쏜다.
> ❸ 우주선을 옆에 갖다 댄다.
> ❹ 돛을 단다.
> ❺ 지구를 탈출한다.

크기가 어느 정도인지, 부딪힐 때까지 얼마나 걸리는지에 따라서도 대책이 달라질 수 있어요. ①에서 ④까지는 NASA도 참가하는 '지구방위회의'에서 실제로 검토 중인 방법들이에요.

> 오, 이름이 아주 근사한데요! 회사에서 회의할 때도 마음이 정말 무거운데, 이건 회의 주제부터 무게가 다르네요.

구체적으로는 이런 내용을 검토하고 있어요.

① 핵폭탄으로 파괴한다

첫 번째는 핵폭탄을 사용해서 천체를 파괴하는 방법이에요. 핵폭탄 로켓을 쏘아 올려서 그대로 천체에 명중시키거나, 영화 〈아마겟돈〉처럼 우주비행사가 핵폭탄을 천체 표면에 심어서 기폭시키는 거죠.

> 영화에 나온 방법도 현실적으로 가능하군요.

글쎄요. 이 방법에는 큰 문제가 있거든요. 위험한 천체가 지구에 너무 가까이 접근하면 산산조각으로 파괴하더라도 그 파편이 전 세계 곳곳에 떨어져서 피해를 입는 지역이 많아지기 때문이죠. 그리고 핵폭탄을 실은 로켓을 쏘아 올려야 하는데 어느 나라에서 반기겠어요. 실패하면 뒷감당이 얼마나 힘든데요.

핵폭탄으로 파괴한다

> 그러네요······. 아무리 인류를 위한 일이지만 핵폭탄을 사용하는 건 너무 무서워요.

② 우주선을 쏜다

두 번째는 천체에 우주선을 쏘는 방법이에요. 이건 이미 NASA에서 실험하고 있죠. 2022년에 지름 780미터와 지름 160미터짜리 소행성 한 쌍에 무게 600킬로미터짜리 우주선을 쐈어요.

> 그렇게 작은 우주선이 소행성을 파괴할 수 있을까요?

우주선은 소행성을 파괴하는 게 아니라 궤도를 비틀 목적으로 쏘는 거예요. 작은 소행성에 우주선을 명중시켜서 궤도를 살짝이라도 비

우주선을 쏜다

틀 수만 있다면, 서로 중력을 주고받는 큰 소행성의 궤도에도 영향을 주거든요.

그렇군요! 반드시 파괴한다는 목적은 아니군요.

지구까지 오는 길이 길면 궤도를 살짝만 비틀어도 지구 충돌을 피할 수 있다는 작전인데, 실험은 무사히 성공해서 효과적인 방법으로 입증됐고요.

미리 대처하면 작은 효력으로도 큰 성과를 얻을 수 있군요. NASA 대단한데요!

③ 우주선을 옆에 갖다 댄다, ④ 돛을 단다

세 번째와 네 번째도 원리는 같아요. 천체 옆에 우주선을 갖다 대서 중력을 이용해 조금씩 궤도를 비트는 거예요. 혹은 천체에 돛을 달아서 태양빛의 압력으로 궤도를 틀어지게 만드는 거죠.

우와~ 정말 다양하게 연구하고 있군요.

지구 충돌까지 여유가 있으면 이런 방법들로도 피할 수 있다는 거죠.

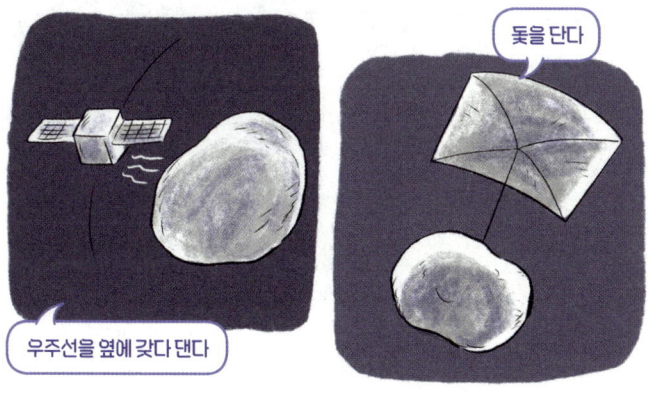

감당하기 힘든 역경이 닥치면 포기하고 싶을 법도 한데, 지구 방위 회의의 아이디어를 보니 '운명은 우리들의 지혜로 헤쳐 나갈 수 있다'라는 용기가 생겨요. 그런데 마지막 다섯 번째는 '탈출'이네요?

⑤ 지구에서 탈출한다

위험한 천체를 너무 늦게 발견하는 바람에 손을 쓸 수 없다면…… 포기하고 탈출해야죠!

탈출한다니, 어디로요?

궤도를 정확히 알면 낙하지점도 어느 정도 예측할 수 있어요. 위험 지대에 있는 사람은 거기서 피해야죠. 만약 지구가 통째로 위험하다면…… 달이나 화성으로 탈출할 수밖에 없겠죠.

달이나 화성이요!?

그게 가능해요?

사실 우주 개발 목적에는 만일을 위한 '종의 보존'도 포함되어 있어요. 현재 계획 중인 달 탐사나 화성 탐사가 순조롭게 진행되면 지구에서의 탈출이 불가능한 일은 아닐 거예요.

지구에서 탈출한다

천체 충돌을 '자연 재해'로 인식하고 준비해라

> 웬만하면 달이나 화성으로 탈출하는 일 없이 지구에 계속 살고 싶어요. 지구에는 수많은 생물이 살고 있고 인간이 쌓아온 문화나 문명도 있잖아요.

지구에 사는 생물들을 지키고 싶으면, 천체 충돌을 '자연 재해'로 인식하고 대비하는 것이 중요할 거예요.

> 그렇군요. 천체 충돌도 지진이나 홍수 같은 자연 재해로 받아들이고 대비를 하는 게 좋겠군요.

구체적으로는 전 세계가 서로 도와서 위험한 천체를 최대한 빨리 알아내는 '찾기 기술'과 충돌을 막는 '피하기 기술'을 완벽하게 갖출 필요가 있어요.

> 문득 생각이 났는데요, '지구에 거대 천체가 충돌해서 전부 멸종할지도 모른다'는 큰 위험이 닥치면, 전 세계가 서로 손을 잡고 평화로워질 기회가 되지 않을까요? 극단적인 이야기겠지만.

그야 지구에 있는 적보다는 우주의 위협으로 눈을 돌리는 게 당연히 낫죠. '지상에서 우주를 바라보는 시점'과 '우주에서 지구를 내려다보는 시점', 이 두 가지 '우주의 시점'을 가지고 상부상조하면서 지구를 아끼면 좋겠어요.

> 우주 개발이 세계를 하나로 묶는 날이 오면 정말 좋겠어요. 작은 힘이나마 저도 지금 제 직업에서 할 수 있는 일이 있을 것 같아요.

레슨 7 총정리

+ 태양계를 날아다니는 '소행성'이나 '혜성'은 태양이나 행성의 중력에 영향을 받아서 지구와 충돌할 가능성이 있다.
+ 천체 충돌을 '자연 재해'로 인식하고, '찾기 기술'과 '피하기 기술'을 갖추는 것이 중요하다.
+ '지상에서 우주를 바라보는 시점'과 '우주에서 지구를 내려다보는 시점'을 겸비하고 전 세계가 상부상조하며 지구를 아끼는 것이 이상적이다.

레슨 8 달·화성 이주 Settlement of Mars

기후 변동, 감염증, 핵전쟁, 식량 위기, 천체 충돌……

지구에 살지 못하게 될 날이 머지않다!? 달이나 화성에서 사는 게 정말 가능할까?

'달이나 화성 이주'는 코앞으로 다가와 있다!

> 지난번에 '거대 운석의 충돌을 피할 수 없다면 달이나 화성으로 가서 살 수밖에 없다'라는 이야기를 했잖아요. 그게 정말 가능한가요?

그게 안 되면 지구를 벗어나지 못하니 다 같이 멸망하는 거죠, 뭐.

> 아니, 그런……. 그리고 하나 더 궁금한 게 있는데요, 왜 화성이에요? 달은 지구에서 제일 가까운 천체니까 그렇다고 치겠는데, 화성 말고 다른 행성들도 있잖아요?

아주 좋은 질문이에요. 좋아요, 오늘은 '달과 화성 이주'에 대해 이야기해보죠.

> 잘 따라가볼게요!

왜 '달'이나 '화성'이 '이주 후보'일까?

애초에 지구를 떠나 다른 곳으로 가는 게 정말 가능할까요? 결론부터 말하자면, 지구 말고 다른 천체로 이주하는 문제는 '필요한 물질을 현지에 얼마나 조달할 수 있는가'에 달려 있어요. 이게 계산이 서면, 달이나 화성으로 이주하는 것도 꿈만은 아니겠죠.

> 벌써 거기까지 이야기가 진행된 건가요!? 아직 먼 미래 이야기처럼 느껴졌는데요.

현재 우주 개발은 '아폴로 계획' 이후 처음으로 유인 달 착륙을 목표로 하는 '아르테미스 계획'을 큰 축으로 진행하고 있어요. 10가지 질문 중 세 번째 질문에서도 설명했듯 달을 탐사한 후에는 인류 최초 화성 착륙까지 바라보고 있죠.

> 지구에서 가까운 행성이라면 금성도 있잖아요. 금성은 안 돼요?

금성은 지구보다 기압이 90배 높고 표면 온도도 470도나 돼요. 수심 900미터에 상당하는 압력인데, 오븐 속보다도 더 뜨거운 세계라서 인간은 내려서자마자 폐가 터지고 흔적도 없이 타 버릴 거예요.

> 아아…… 발을 들이면 안 되는 곳이네요.

그렇다고 화성으로 가는 게 간단한 건 아니에요. 넘어야 할 산들이 수두룩하죠. 그래서 인류는 다시 달로 향하기로 했어요.

> 과거에 '아폴로 계획'으로 달에 갔는데 왜 또 가는 거예요?

아폴로 계획에서는 미션 여섯 번 동안 총 열두 명이 달에 내려섰는데, 달에 체류한 기간은 고작 며칠밖에 안 돼요.

> 며칠 갖고는 '살았다'라고 말할 수 없겠네요.

아르테미스 계획의 목표는 달에 기지를 세우고 지속적으로 사람이 활동하는 거예요. 달에서 무엇이든 자유자재로 할 수 있도록 기술을 업그레이드해야 하죠. 달 탐사로 얻어낸 기술과 지견을 장착해서 화성으로 가겠다는 작전이거든요.

> 10개의 질문 중 4번 질문에서도 나왔는데, 달은 '화성을 위한 리허설'이라는 거네요.

정말 이주할 수 있을까!?
너무나도 혹독한 달과 화성의 환경

달이나 화성의 환경에는 이런 특징들이 있어요.

달의 특징

○ 중력이 약하다(지구의 약 6분의 1).
○ 너무 덥거나 너무 춥다(-170℃~120℃).
○ 공기가 없다.

화성의 특징

○ 중력이 약하다(지구의 약 3분의 1).
○ 너무 춥다(-150℃~20℃).
○ 공기가 적다(기압은 지구의 1% 미만. 성분은 거의 이산화탄소).

> 아니…… 장점이랄 게 있나요?

장점을 굳이 꼽자면 지구보다 중력이 약하다는 점이려나요. 달에서는 6배, 화성에서는 3배 더 높이 뛸 수 있으니까 누구나 덩크슛을 할 수 있겠네요. 피겨스케이팅 선수들은 심사위원들의 턱이 빠질 정도로 빙글빙글 엄청난 점프를 뛰겠고요.

아니……. 대단하긴 한데 그게 실용적인가요?

알겠어요. 웃음기를 빼고 이야기해보면, 달이나 화성에서는 로켓을 쏘아 올리기가 쉬워요. 로켓의 무게는 대부분 중력을 뿌리치기 위한 추진제(연료와 산화제)가 차지하거든요. 지구 말고 달이나 화성에서 쏘아 올리면 추진제를 크게 절약할 수 있어요.

그렇군요. 중력이 약하다면 전 책을 산더미처럼 가져가겠어요. 그 전에 공기가 없으니 살아남지 못하겠지만.

공기가 없으면 호흡을 할 수 없을 뿐더러, '레슨 1. 지구'에서 이야기했듯이 '방어벽 기능'이 작동을 못하니까 강렬한 우주방사선이나 자외선이 땅으로 마구 쏟아질 거예요. 아쉽지만 달이나 화성의 환경은 인간이 살기엔 너무 혹독해요.

환경이 그런데 정말 이주를 할 수 있어요?

달과 화성 이주에 반드시 필요한 '세 가지'는?

달과 화성이 어떤 환경인지 알았으니 이주할 때 뭐가 필요한지 보이죠? 특히 이 세 가지가 중요해요.

> **화성 이주에 필요한 것**
> ❶ 기지 ❷ 산소 ❸ 물

먼저 극심한 기온 차, 강렬한 우주방사선으로부터 몸을 지키려면 '기지'는 필수겠죠. 기지 내부에는 호흡할 수 있도록 '산소'를 충전해야 하고요. 그리고 우리 몸에는 '물'도 꼭 필요하죠.

> 그냥 생존에 필요한 최소한의 것들이네요.

그밖에도 식량이나 생활용품, 연료 등 많은 게 필요하겠지만, 일단 이 3개가 기본이에요.

> 생각해보면 땅 위를 털레털레 걸어 다닐 수 있는 지구에 정말 감사해야겠네요. 다음번에 산책 나가면 '지구에 태어나서 감사합니다!'를 곱씹으면서 다녀 볼게요 (웃음).

그래요. 평소에는 잊고 살지만 지구는 정말 축복받은 곳이에요.

지구 밖에서 '물'의 역할은 일석이조!

인류가 지구 말고 다른 땅에서 살 때는 특히 '물'의 존재가 중요해요. 일석이조가 뭐야, 삼조 사조까지 가능한 아주 중요한 자원이 바로 물이죠. 달이나 화성에서 살게 된다면 가능한 한 현지에서 자급자족을 하고 싶겠죠. 물은 인간이 마시는 용도뿐 아니라 농업용수 역할도 해요.

달이나 화성에서 자급자족이라니……. 시골에서 하는 자급자족이랑은 차원이 다르겠네요. 확실히 물은 식물에게도 반드시 필요하니까요.

> **물의 역할**
> ❶ 그 자체로 식수나 농업용수로 쓰인다.
> ❷ 분해해서 얻을 수 있는 '산소'는 '호흡'이나 '로켓의 산화제'에 쓸 수 있다.
> ❸ 분해해서 얻을 수 있는 '수소'는 '로켓 연료'로 쓸 수 있다.

화학 시점에서 보면 물은 'H_2O'잖아요. 분해하면 '산소'와 '수소'를 얻을 수 있죠. 호흡에 필요한 산소는 물만 충분하면 얻을 수 있다는 뜻이고요.

오오! 물을 분해한다는 발상은 생각지도 못했는데요.

산소는 또 하나 중요한 역할을 하는데, 그건 바로 로켓의 산화제라는 점이에요. 게다가 수소는 로켓의 연료로 쓸 수 있죠. 연료와 산소제만 있으면 로켓은 움직일 수 있어요. 다시 말해 물만 있으면 지구로 돌아오는 로켓도 날릴 수 있는 거죠.

우와, 물의 이용 가치가 이렇게 높을 줄이야. 물이 풍부한 우리 지구가 더 고맙게 느껴지네요.

이주의 열쇠는 '현지 조달이 얼마나 가능한가'

달과 화성으로 이주하려면 기지, 산소, 물이 꼭 필요해요. 하지만 이것들을 전부 다 지구에서 가져가려면 비용이 어마어마하게 드니까 현실적으로 어렵겠죠. 달과 화성으로 이주할 수 있는지는 필요한 물자를 현지에서 얼마나 조달할 수 있는가에 달려 있어요.

그러고 보니 여행 짐을 챙길 때는 현지에서 살 수 있는 걸 가방에서 빼잖아요. 되도록 직접 옮기지 않고 끝낼 수 있으면 편하죠.

맞아요. 현지 조달을 위해 전 세계에서 노력하고 있어요. 달이나 화성에 있는 모래로 건축 자재를 만들어 '기지'를 세우는 연구가 한참 진행 중이에요. 산소는 물뿐만 아니라 달의 모래, 화성의 대기에도 포함되어 있거든요. 이미 NASA는 화성의 대기 중에 있는 이산화탄소에서 산소를 빼내는 실험에 성공했어요.

그렇군요. 'CO_2'를 분해해서 산소를 얻는 방법도 있다는 거군요. 그럼 제일 중요한 물은 어떻게 되나요?

달의 모래에 수분이 있을 거라는 기대감이 있었는데, 아직까지는 지구의 사막보다도 더 말라비틀어진 모래밖에 없을 것 같다는 게 결론이에요. 화성에는 북극과 남극에 '물의 얼음'이 있다고 알려져 있는데, 기지를 만들기에는 너무 춥고요. 그래서 인간이 이용하기 쉬운 형태로 대량의 물이 집중된 장소가 없는지, 지금 이 순간에도 탐사기가 찾아다니고 있어요.

저희가 이러고 있는 동안에도 계속 진행이 되고 있군요.

기지를 만드는 기술을 개발하고, 산소를 만드는 공학을 실험하고, 물을 찾는 과학을 연구하고……. 이렇게 계속 도전하다 보면 달과 화성으로 가는 모습이 더 현실적으로 그려지지 않을까요?

저도 처음에는 이게 맞나 싶었는데, 정말 달이나 화성에서 살 수 있는 날이 가까운 미래에 올 것만 같은 기분이 들기 시작했어요.

화성의 '선주민'들을 배려하는 마음도 중요하다

화성에 이주할 경우에는 윤리적인 측면에서도 고려해야 할 게 있어요.

그게 뭐죠?

사실 화성은 예전에 광활한 바다로 뒤덮여 있었다고 추측돼요. 그 흔적 때문에 지금도 지하에 액체 물이 남아 있을지도 모르고요.

음음.

즉, 어쩌면 과거의 화성에는 생명이 있었고 지금도 어딘가에 살아남아 잠자코 있을지 모른다는 거죠. 그래서 NASA나 JAXA 같은 우주

기관에서는 화성에 착륙하는 탐사기를 반드시 멸균 처리하고 있어요.

> 네? 그게 무슨 뜻이에요?

지구에서 따라간 균이 거기에 있을지도 모르는 화성의 생태계를 망가뜨리지 않도록 주의한다는 뜻이죠.

> 그러니까 NASA도 화성에 생명이 있을 수 있다는 생각을 진지하게 하고 있군요!

맞아요. 여기서 중요한 게 하나 더 있어요. 막상 사람이 화성으로 이주해서 살게 되었다고 생각해보죠. 그럼 화성에 있을지도 모르는 생태계를 배려할 필요가 있는 거죠.

> 그렇군요. 지구상에서도 외래종이 재래종의 생태계를 파괴하는 문제가 일어나잖아요.

화성 입장에서 보면 지구인이 외래종이니까요. 과학 역사상, '화성에 생명이 있는가'는 최대의 수수께끼지만, 윤리적인 관점에서도 중요한 문제예요.

'화성 도시 계획'을 이루고자 눈앞에 닥친 문제점

세계에는 화성에 도시를 만들겠다는 계획을 아예 내걸고 활동하는 조직이 있어요.

> 화성 도시요!? 장대한 계획이네요.

스페이스X는 사람들을 우주선 '스타십'에 태워 화성으로 옮기고, 장래에는 100만 인구의 화성 도시를 만들 계획을 세웠어요. 아랍에미리트

(UAE)는 2117년까지 인구 60만의 화성 도시를 만드는 프로젝트를 진행하고 있고요.

계획이 그렇게 구체적이었어요? 점점 그림이 그려지는데요.

화성 도시 계획은 기술적인 문제를 많이 안고 있는데, 포기하지 않는 나라나 조직이 있는 한 언젠가는 반드시 실현되겠죠.

그렇게 되면 화성의 생태계를 배려하는 윤리적인 문제도 진지하게 대비책을 생각해놔야겠네요.

게다가 인류가 달이나 화성으로 이주해서 아이가 태어나게 되면, '지구보다 중력이 약한 환경에서 무사히 클 수 있을까?'라는 의학적인 문제도 생길 거예요. 인류는 '호모사피엔스'와는 다른 새로운 종으로 진화할지도 몰라요.

그런 아이들은 '지구인'이 아니라 '월인'이나 '화성인'이 되는 건가요? 생김새도 조금은 변하겠죠?

규칙을 정해야겠죠. 달이나 화성을 누가 통치하고 어떤 규칙을 따라야 하는지, 정치적이나 법률적인 문제도 생각해야 해요.

문제가 정말 산더미 같네요. 그래도 이런 이야기가 SF가 아닌 현실 문제에 등장할 만큼 달이나 화성이 가까워지고 있다는 뜻이잖아요. 이번 레슨은 놀라움의 연속이었어요.

레슨 8 총정리

+ 현재 우주 개발은 달에 기지를 만들고 사람이 지속적으로 활동하는 것을 목표로 하는 '아르테미스 계획'을 큰 축으로 진행하고 있다. 그 너머로 화성에서 활동하는 미래까지 바라보고 있다.
+ 달이나 화성이라는 혹독한 환경에서 살려면 '기지', '산소', '물'이 필요하다. 현지 조달이 얼마나 가능할지가 키포인트다.
+ 본격적으로 달과 화성으로 이주한다면 기술적인 문제뿐 아니라 윤리적, 의학적, 정치적으로도 해결해야 할 문제가 있다.

칼럼 5

인간은 대체 왜 우주로 가려는 걸까?

우리 지구에서 아득히 멀리 떨어진 별을 탐색하는 천문학자, 지구를 벗어나 우주로 가는 우주비행사, 우주비행사나 인공위성을 우주로 보내는 로켓 엔지니어……. 지금 이 순간에도 수많은 이들이 우주를 향해 움직이고 있습니다. 애초에 인간은 왜 우주로 가려는 걸까요? 크게 '7개의 이유'를 생각할 수 있습니다.

첫 번째는 뭐니 뭐니 해도 '낭만'입니다. 논리적으로 설명이 불가능한 '우주에 대한 동경' 그 자체가 이유가 됩니다. 밤하늘 가득한 별에 매료된 사람들, 아폴로 달 착륙이나 스페이스 셔틀에 열광한 사람들이 있습니다. 일본의 우주 관계자 중에는 마쓰모토 레이지 선생의 《은하철도999》나 《우주전함 야마토》를 보고 그 매력에 빠지기도 합니다.

두 번째는 '진리를 탐구하고 싶다'라는 과학적 동기입니다. 우주는 지적 호기심을 자극하는 수수께끼로 가득합니다. 궁금한 게 있으면 풀고 싶어지는 게 인지상정. 망원경이나 탐사기를 구사하여 우주의 진짜 모습을 밝혀내고 싶어 합니다.

세 번째는 '새로운 것을 만들어내고 싶다'라는 기술적, 공학적 동기입니다. 우주에 도전하려면 로켓, 탐사기, 생명 유지 장치 같은 기기가 빠질 수 없지요. 수많은 고난을 헤치고 혁신적인 기술을 개발해야 하는데, 거기에 열을 올리는 사람도 있습니다.

네 번째로는 '나라의 힘을 과시'하기 위한 정치적, 군사적인 이유도 있습니다. 로켓은 사람이나 사물을 태우면 '우주 로켓'이 되고, 폭탄을 실으면 '탄도 미사일'이 됩니다. 역사적으로 우주 개발은 군사 개발과 종이 한 장 차이였습니다. 지금도 우주 개발에서 존재감을 드러내면 국력을 과시하는 것이기 때문에 각 나라의 정부는 우주 개발에 투자하고 있는 것입니다. 우주 개발도 좋지만, 사람들이 전쟁으로 고통 받지 않도록 그 균형을 잘 맞춰야겠지요.

다섯 번째 이유는 '비즈니스' 때문입니다. 정부에서 자금을 지원 받고 우주를 무대로 사업을 펼치는 기업들이 미국을 중심으로 늘어나고 있습니다. 하지만 우주 사업이란 단순한 장사가 아닙니다. 예를 들어 물의 사용이 제한된 우주 정거장에서 쓸 용도로 개발한 제품이 단수가 일어난 재해 지역에 도움을 주는 등, 우주와 지구의 삶을 모두 향상시키

기 위해 노력하는 기업도 있습니다.

여섯 번째는 '인류를 위해서'입니다. 레슨 7, 8에서 나왔듯이 거대 운석과의 충돌을 대비해 달이나 화성을 개발하기도 하지만 인류가 더 행복하게 살기 위한 과학 연구도 있습니다. 중력에 영향을 받지 않는 환경을 이용하여 난치병 치료약 등을 연구하기도 하지요.

일곱 번째는 '본능이 시키기 때문'입니다. 우리 현생 인류(호모사피엔스)는 약 30만 년 전에 아프리카에서 탄생하여 지구상에 널리 퍼졌습니다. 뇌과학에 따르면, 5명 중 1명꼴로 위험을 무릅쓰더라도 모험을 즐기는 욕구와 관련된 유전자를 가졌다는 설이 있습니다. '위험하니까 하지 말자'라며 제동을 걸었다가도, '아직 아무도 가지 못한 화성에 내가 가야겠어!'라는 충동을 억누르지 못한다는 것입니다.

7개의 이유 중 여러 이유가 복합적으로 작용할 수도 있겠지요. 수많은 바람이 얽히고설켜, 마침내 많은 사람이 달에서 살고 화성에 도달할 날이 오지 않을까요. 나아가 멀리 바라보면 태양계나 은하계까지 점점 퍼져나갈지도 모릅니다. 인류는 그만한 저력이 있으니까요.

'지구 같은 행성'이 어딘가에 존재할까?

지구 같은 행성은 있다! 하지만……

지난번 레슨을 받고 화성이 아주 친근한 존재로 느껴지면서 동시에 축복 받은 지구 환경이 뼈저리게 감사하더라고요. 그래서 생각해봤는데, 우주에는 '지구 같은 행성'이 또 있나요?

좋은 질문이에요! 결론부터 말하자면, '지구 같은 행성'은 발견됐어요. 그중에는 생명이 자랄 것으로 기대되는 곳도 있죠.

오오, '제2의 지구'가 있군요!?

그런데 '지구 같은'이라는 표현이 살짝 모호한데, 지구와 닮은 부분이 있는가 하면 크게 다른 부분도 있거든요. 그리고 생명이 있다 없다 관점에서 보면, 애초에 '지구 같은 행성'이어야 할 필요는 없기도 하죠.

엥? 그게 무슨 뜻이에요?

그럼 이번에는 '제2의 지구'에 대해 이야기해보죠.

'먼지' 데이터에서 행성을 찾아내 노벨상을 받다!?

10개의 질문 중 4번 질문에서 간단히 설명했지만, 태양계 말고 다른 곳에도 행성이 있다는 사실은 이미 밝혀졌어요. 이런 행성을 우리는 '태양계 외행성'이나 '외계 행성'이라고 부르죠.

> '태양계 밖'이라서 '외계'인 거군요. 우주에는 별이 수없이 많으니까 행성이 있는 것도 당연하지 않을까요?

1930년대부터 외계 행성은 계속 탐색했는데, 아무리 찾아도 없는 거예요. 너무 발견되지 않으니까 '항성 주변에 행성이 도는 태양계는 특별한 곳'이라고도 생각했죠.

> 저도 기획을 할 때 좋은 생각이 나면, 매번 '참신해! 난 역시 천재인가 봐'라고 생각하는데, 그냥 제가 조사를 안 해서 몰랐을 뿐이었다는······.

외계 행성 역시 조사가 충분하지 않았던 거예요. 1995년이 되어서야 겨우 세계 최초로 외계 행성을 발견했거든요. 재미있는 사실은 발견되기 몇 년 전부터 이미 손에 외계 행성의 증거를 들고 있었는데도 '노이즈'로 배제를 해놓은 거죠. 그러니까 '먼지' 데이터에 묻혀 있어서 다들 알아차리지 못했던 거예요.

> 왜 아무도 몰랐던 거예요?

발견된 외계 행성이 태양계의 상식에서 크게 벗어났기 때문이에요. 당시 제네바 대학교의 천문학자 미셸 마요르와 그의 밑에서 공부를 하던 대학원생 디디에 쿠엘로 콤비가 외계 행성을 발견했는데요. 그들에게는 예산이 없어서 좋은 망원경도 없었어요. 하지만 '선입견'도 없었던 덕분에 데이터에 파묻혀 있던 외계 행성을 발견해낼 수 있었죠. 두 사람은 2019년에 노벨 물리학상을 받았어요.

　　대학원생이 나중에 노벨상을 받았군요! 상식에 얽매이지 않은 눈이 있어야 새로운 발견으로 이어지나봐요.

상식이 반드시 옳다고는 할 수 없으니까요. 한 번 벽을 부수고 나니 갑자기 발견이 쏟아지는 바람에 지금은 5,000개를 넘는 외계 행성이 발견되었어요.

　　그렇게나 많이요!

외계 행성으로 알아낸 두 가지 사실, '보편성'과 '다양성'

수많은 외계 행성을 발견하면서 알아낸 사실이 두 가지 있어요. 첫 번째, 행성은 흔하디 흔한 존재라는 사실. '레슨 4'에서도 이야기했지만, 가스가 모여 태양(항성)이 생겼고, '레슨 3'에서 이야기했듯 태양계의 8개 행성은 갓 태어난 태양 주변에 떠돌아다니던 가스와 먼지가 모여서 만들어졌어요.

　　네, 그렇게 배웠어요.

그런데 태양계 말고 다른 곳에서도 '항성이 생기면 그 주변에 떠도는 가스와 먼지가 모여 행성이 만들어진다'라는 게 지극히 자연적인 현상인 거죠. 그러니까 행성은 '항성의 부산물'로서 필연적이라는 거죠.

　　보이지 않을 뿐이지 행성은 항성의 주변을 돌고 있는 것이군요.

또 한 가지, 행성에는 '다양성'이 있다는 사실도 알아냈어요. 태양계의 행성과는 또 다르게 개성 넘치는 행성들이 발견되었으니까요.

우와, 어떤 특징이 있어요?

행성에도 '다양성'이 있다

지금까지 발견된 다양한 외계 행성 중 4개를 뽑아서 소개해볼게요.

> **여러 가지 외계 행성**
> ❶ 핫 주피터
> ❷ 이센트릭 플래닛
> ❸ 로그 플래닛(떠돌이 행성)
> ❹ 스타워즈형 행성

① 표면 온도가 1,000도 이상! '핫 주피터'

세계 최초로 발견된 외계 행성은 크기가 목성쯤 됐는데, 태양과 꼭 닮은 항성 주변을 돌고 있었어요. 더 놀라운 건 속도였고요. 무려 나흘 만에 항성을 한 바퀴 돌거든요.

고작 나흘 만에 한 바퀴를 돌아요!?

태양계에서는 목성처럼 커다란 행성은 태양에서 멀리 떨어져 있고, 긴 시간 동안 천천히 공전하는 게 상식이잖아요. 목성은 약 12년 걸리고 토성은 약 30년 걸리니까 나흘은 말도 안 되는 속도죠.

데이터에 묻혀서 아무도 알아차리지 못한 이유가 있었네요.

이런 행성은 항성과 너무 가까워서 표면 온도가 1,000도를 넘을 정도로 뜨겁기 때문에 '뜨거운 목성'을 뜻하는 '핫 주피터'라고 불러요.

② 궤도가 일그러진 '이센트릭 플래닛'

다음 외계 행성은 '이센트릭 플래닛'이에요.

> '이센트릭(eccentric)'에는 '괴짜', '별나다'라는 뜻이 있잖아요. 제가 아는 사람 중엔 우리 편집장님 같은…….

이센트릭한 사람일수록 매력적이기도 하잖아요. 천문학적으로는 항성을 도는 궤도가 일그러진 행성을 뜻해요. 태양계에 있는 행성들은 동그랗고 예쁘게 원 궤도를 그리는데, 외계 행성에는 궤도가 타원인 것들이 많아요.

> 그럼 태양계처럼 원 궤도를 깔끔하게 그리는 게 '표준'이라고는 할 수 없는 거네요?

맞아요. 궤도가 비뚤어져 있으면 행성이 항성에 가까이 다가갈 때도 있고 멀어질 때도 있잖아요. 그러니까 1년 동안 그 행성에서 살면 태양이 커졌다 작아졌다 하는 거죠.

> 태양이 점점 커지는 걸 보면서 '아아, 여름이 다가왔구나' 하며 실감할 수 있다는 거네요? 재미있긴 하지만 살기는 싫어요(웃음).

③ 홀로 떠도는 '로그 플래닛'

'로그 플래닛(떠돌이 행성)'은 항성이 없는 행성이에요. 원래는 항성 주변을 돌았는데, 거대 행성의 중력 때문에 튕겨 나와 홀로 돌아다니게 된 거죠. 우리 은하에는 수천억 개 가까이 있을 것으로 예상돼요.

> 항성 주변을 돌지 않는다는 건 반사하는 빛이 없어서 새까맣다는 거잖아요. 라이트도 켜지 않고 밤길을 달리는 것 같아요. 너무 무섭고 위험하네요.

④ 〈스타워즈〉 세계가 현실로! '스타워즈형 행성'

1977년 영화 〈스타워즈 에피소드 4 : 새로운 희망〉에는 사막의 지평선에 2개의 태양이 저무는 '타투인'이라는 행성이 등장해요.

> '레슨 4'에서 항성은 쌍둥이나 세쌍둥이로 태어나는 경우가 흔하다고 이야기했죠.

맞아요. 이런 쌍성에도 그 주변을 도는 행성이 있다는 걸 알아냈어요. 전문 용어로 '쌍성주위 행성(Circumbinary planet)'이라고 해요.

> 〈스타워즈〉 세계가 현실에 있다니, 팬들은 열광하겠네요!

태양계의 상식은 우주에서 통용되지 않는다!?

> 이렇게 다양한 행성이 있다니 놀랐어요.

지구와 아예 다른 행성에 있다는 걸 상상해보면 재미있죠. 다종 다양한 외계 행성이 발견된 후로는 '태양계의 상식이 우주에서는 비상식'이라는 말도 생겨났죠.

> '직장에서 상식이 세상에서는 통하지 않는' 그런 비슷한 일이 우주에서도 일어나는군요!

우물 안 개구리라는 사실을 깨닫게 되었으니 그건 다행인데, 새로운 문제도 생겼어요.

어떤 문제예요?

'레슨 3'에서 태양계의 행성을 만드는 레시피가 베일에 싸여 있다고 이야기했었죠. 이제는 외계 행성의 다양성을 설명할 수 있는 레시피까지 알아내야 하는 과제가 생긴 셈이죠. 가스, 암석, 금속, 살얼음으로 어떻게 다양한 행성이 만들어졌을까요. 행성을 만드는 과정에는 어디까지가 공통이고 어디부터 차이가 생기는 걸까요. 누구나 이해할 수 있는 원리를 밝혀내려고 연구하고 있어요.

그렇군요. 베이킹을 할 때는 달걀, 설탕, 박력밀가루 같은 기본 재료는 같아도 과정에 살짝 변화만 주면 수플레, 시폰 케이크, 팬케이크 등 각자 다른 결과물이 나오니까요.

오, 그렇군요! 행성도 베이킹도 레시피가 중요하네요.

베이킹의 세계도 아주 깊긴 하지만, 행성이 만들어진 원리를 이해하려면 아주 험난한 길이 예상되네요.

외계 생명이 기대되는 '바다 행성'

행성이 이렇게나 많고 다양한데, '과연 생명이 존재할까?' 궁금하지 않나요?

네, 궁금해요! 저는 존재한다고 믿어요.

어떤 환경에서 처음 생명이 생기는지는 현대 과학으로도 아직 밝혀내지 못했어요. 그냥 우주의 생명에게 '물'이 중요한 역할을 할 것 같다고 추측할 뿐이죠. 액체로 된 물의 존재 여부는 '항성과 얼마나 떨어져 있는가'가 중요해요.

> 항성에 가까우면 물이 증발하고, 멀면 추워서 얼기 때문이죠?

맞아요. 항성에서 적당한 거리에 있으면서 행성 표면에 바다를 가질 수 있는 영역을 '생명체 거주 가능 영역(habitable zone)'이라고 해요.

> 이게 바로 '제2의 지구'인가요?

생명체가 거주할 수 있다고 거론되는 행성들은 어디까지나 '바다를 가질 수 있는 장소'에 위치했을 뿐이지, 실제로 '바다가 있다'고는 단언할 수 없어요. 그래도 생명을 찾는 데 큰 힌트는 되죠.

> 무슨 뜻이에요?

예를 들어 태양계에서 생명이 거주할 수 있는 행성은 지구와 화성까지 2개뿐이에요. 지금 화성에는 바다가 없지만 예전에는 드넓은 바다가 있었다고 추측되고, 어쩌면 지금도 지하에 액체로 된 물이 남아 생명이 숨 쉬고 있을지도 모르죠.

> 생명체가 거주할 수 있는 행성인지 알아내는 게 확실히 생명을 찾는 힌트가 되긴 하겠네요. 실제로 태양계 말고 다른 곳에 생명체가 살 수 있는 행성이 발견되었나요?

사실 꽤 많이 발견되었어요. 그 중 그래도 가능성이 높아 보이는 외계 행성 2개를 소개할게요.

무려 태양계 옆집에 '제2의 지구'가 있었다!?

생명이 있을지도 모른다는 기대를 한 몸에 받고 있는 행성이 바로 '프록시마b'와 '세븐 시스터즈'라는 외계 행성이에요.

무슨 사이버 음악 그룹 같은 이름이네요.

'프록시마b'는 태양에서 가장 가까이(약 4광년)에 있는 항성 '프록시마 센타우리'의 주위를 도는 행성인데, 지구와 크기가 거의 같고 생명체가 거주할 수 있는 행성이에요.

세븐 시스터즈에서 보이는 풍경

외계 행성에는 어떤 생물이 있고, 어떤 세계가 펼쳐져 있을까?

> 태양계 옆집에 지구 같은 행성이 있다는 건가요!

하나 더, 태양에서 약 40광년 떨어진 항성 '트라피스트1' 주위를 도는 7개의 행성이 바로 '세븐 시스터즈'인데요. 전부 다 그 크기가 지구와 비슷하고 생명체가 거주할 수 있는 행성도 3개나 있어요. 2017년에 NASA가 공표하면서 '제2의 지구를 발견!'했다며 세상을 들썩이게 했죠.

> 기대가 돼요! 지구 밖에서도 생명을 발견할 날이 눈앞에 닥친 것만 같아요.

그게 그렇게 긴단힌 이야기는 아니에요. 이들 행성의 중심에 있는 항성은 우리 태양보다 검붉고 작은 '적색왜성'이라는 항성이에요. '레슨 4'에 나온 'M형' 항성에 해당되죠. 적색왜성은 활동성이 높아서 우주 방사선이나 자외선을 많이 흩뿌리거든요. 그래서 그 주위를 도는 행성에 생명이 있다 해도 세포가 남아나질 못할 거예요.

> 작은 항성이면서 환경이 너무 위험하네요.

외계 행성에는 어떤 생물이 살고 어떤 세계가 펼쳐질까?

그리고 적색왜성 주위에 있는 생명체 거주 가능 행성은 그 중심에 있는 항성과 거리가 너무 가까운 탓에 중력의 영향을 크게 받아요. 그러면 자전의 움직임이 제한되기 때문에 항성에 항상 같은 면을 향한 채 공전을 하게 돼요.

꼭 지구바라기인 달과 똑같네요?

바로 그거예요! 그런 행성에서는 항성의 빛을 계속 받는 '낮의 세계'와 빛이 전혀 닿지 않는 '밤의 세계'로 나뉘게 되겠죠.

그럼 바다가 있든 지구와 크기가 비슷하든 상관없이 지구의 환경과 아예 딴판일지도 모른다는 말이네요?

맞아요. '제2의 지구 발견!'이라는 뉴스가 나왔을 때는 정말 지구와 닮은 환경인지 확실히 파악해야 해요.

요즘엔 흔한 일이지만 뉴스 제목만 보고 낚이면 안 되겠네요.

'지구 같은 행성'이 아니더라도 생명은 자란다

그런데 달리 생각하면 생명이 자라는 행성이 지구와 꼭 닮아야 할 이유는 없어요.

네? 그게 무슨 뜻이에요?

'프록시마b'나 '세븐 시스터즈'에는 우주방사선이나 자외선으로부터 몸을 지키기 위해 바다 밑이나 '밤의 세계'처럼 안전한 장소로 피신해서 남몰래 살아가는 생명이 있을지도 모르잖아요.

사막에도 꽃이 피는 뭐 그런 건가요? 그러고 보니 저도 회의할 때 분위기가 험악해지면 구석에 콕 박혀 있어요.

아니면 자외선이 강한 환경에서 기필코 살아남은 생명이 자외선 내성 능력을 얻어서 이제는 태연하게 살고 있을지도 모르죠. 지구에도 그런 세균이 있으니까요.

> 생명은 환경 변화에 적응하면서 진화하니까요. '지구와 비슷한 행성에서 생명이 자란다'는 상식에 묶이면 안 되겠네요.

바로 그거죠! 지구 밖 생명의 생태에도 다양성이 있을 수 있으니까요.

> 이제 내일부터 상식을 버릴게요.

……말은 그렇게 해도 현실적으로 진행을 하려면 상식을 기본으로 깔고 전략을 세우는 게 현명해요. '상식'이라는 필터를 씌웠다 뺐다 하는 '유연함'이 중요한 거죠.

> 그렇군요. 일을 할 때도 아주 유용하겠는데요.

지구 밖에서 생명을 찾는 현실적인 전략을 생각해보면, 외계 행성에도 지구 같은 생명이 있다는 가정을 먼저 해보는 거죠. 그러면 대기에 산소가 생기는 걸 기대할 수 있으니까요. 지구에는 광합성 덕분에 산소가 생겼지만, 태양계 밖에 있는 행성에는 산소가 없으니까요.

> 식물이 이산화탄소를 산소로 바꿔주니까요.

만약 산소가 충분한 외계 행성이 발견되면, 지구 밖 생명의 존재에 대한 기대감이 확 올라가겠죠. 현재는 그런 관측을 할 수 있는 우주망원경이나 대형 지상 망원경 개발이 이루어지고 있어요. 거기에 기술 혁신까지 더해지면 생명이 자라는 행성의 모습을 직접 볼 날이 올지도 몰라요.

> 너무 기다려져요! 거기에는 어떤 풍경이 펼쳐지고 어떤 생명이 있을까요? 저도 외계 행성을 발견한 사람들처럼 유연한 사고로 사물을 바라보려고요. 우선 편견 때문에 버렸던 아이디어는 없는지, 지금까지 썼던 기획서들을 다시 살펴보겠습니다!

레슨 9 총정리

+ 태양계 말고도 다종다양한 행성이 존재한다.
+ 지구 밖에서 생명을 찾으려면 행성에 바다가 있는지(서식 가능한지)가 힌트가 된다.
+ 생명의 메커니즘에도 다양성이 있을 수 있다. 상식에 얽매이지 않고 행성을 알아보는 것이 중요하다.

레슨 10 블랙홀 Black Hole

'무엇이든 빨아들이는 구덩이'는 정말로 존재했다!

수수께끼가 꼬리를 무는 '천체 끝판왕'

블랙홀의 정체 집중 탐구!

지금까지 지구, 달, 태양계의 행성, 항성, 은하를 배웠고, 거기에 달·화성·소행성까지 심도 있게 파헤쳐 봤어요. 외계 행성까지 배웠으니 천체에 대해서는 상당한 지식을 갖추게 됐을 텐데, 또 궁금한 게 있나요? 알려줄 테니 다 물어보세요.

> 감사합니다! 그러고 보니 몇 년쯤 전이었나요? 블랙홀 촬영에 성공했다는 뉴스로 떠들썩한 적이 있었는데요[*12]. 그때 '블랙홀은 정말 존재하는구나!' 싶어서 깜짝 놀라면서도 동시에 공포감이 느껴지더라고요. SF 소설에 나오는 가상의 존재라고만 생각했거든요. 그래서 블랙홀에 대해 알고 싶어요.

[*12] 2019년, 국제 연구 팀 '이벤트 호라이즌 텔레스코프 컬래버레이션'이 사상 최초로 블랙홀을 직접 촬영했다고 발표했습니다. 사실 그후, 이 성과에 이의를 제기한 논문도 나왔습니다. 블랙홀의 존재는 틀림없다고 추측을 하면서도 직접 그 모습을 잡았는가에 대해 논쟁의 여지가 남아 있습니다.

탐구 | 우주의 비밀에 한 걸음 더!

그래요. 그럼 이쯤에서 '천체 끝판왕'이라고도 할 수 있는 블랙홀에 대해 설명해볼까요?

> 블랙홀이 끝판왕이었어요!? 제가 감당할 수 있을까요? 그래도 여기까지 왔으니 열심히 맞서 싸워 볼게요!

상식을 뛰어넘는 블랙홀의 비밀

블랙홀은 천체의 일종이지만 중력이 너무나 강한 나머지 상식을 뛰어넘는 사건이 자주 일어나요. 그 특징을 '수수께끼 7개'로 정리해보면 이렇게 됩니다.

> **블랙홀의 '수수께끼 7개'**
> ❶ 천체인데 '표면'이 없다.
> ❷ 한 번 들어가면 다시는 빠져나올 수 없다.
> ❸ 시간이 멈춘다.
> ❹ 스몰, 미디엄, 라지 사이즈가 있는데, 라지는 어떻게 생겨났는지 모른다.
> ❺ 외계인이 모여드는 맛집!?
> ❻ 무엇이든 토해내는 '화이트홀'도 있다?
> ❼ 블랙홀 안에 '또 다른 우주'가 있……을지도!?

수수께끼 ❶
천체인데 '표면'이 없다

블랙홀은 중력이 너무 강해서 빛조차도 빠져나갈 수 없는 천체예요. 무엇이든 빨아들이는데, 놀랍게도 빨아들이면 빨아들일수록 흡인력이 더 강해지죠.

엄청난데요! 가정용 청소기였으면 불티나게 팔렸겠네요.

당연하죠(웃음). 빛조차도 도망가지 못하니까 겉보기엔 새까맣거든요. 마치 우주에 구멍이 뻥 뚫려 있는 것처럼 보여서 '블랙홀'이라고 하고요. '크기'나 '무게'가 있으니까 천체라고 부를 수 있는데, 지구처럼 사람이 내려서 설 수 있는 '표면'이 있는 건 아니에요.

뭔가 신기하네요. 토성이나 태양처럼 가스로 이루어져서 표면이 둥실둥실 떠 있다는 건가요?

그런 것도 아니에요. 천체는 중력 때문에 물질이 모여서 생기거든요. 지구나 태양은 중력에 의해 안쪽으로 모이려는 힘과 안쪽에서 저항하는 힘이 균형을 이루어서 모양을 지킬 수 있는 거예요. 그런데 블랙홀은 안쪽에서 받쳐주는 힘이 부족하니까 중심에 있는 아주 작은 한 점으로 모든 물질이 모여서 부서져 있는 것 같아요. 이 한 점을 전문 용어로 '특이점'이라고 해요.

그런 게 현실적으로 가능한가요?

블랙홀이 이 우주에 존재한다는 건 수많은 관측 사실을 보면 틀림없어요. 그런데 특이점에서는 기존의 이론이 무너지기 때문에 실제로는 어떤 식으로 물질이 모이는지, 그러니까 블랙홀 속이 어떻게 되어 있는지는 아직 밝혀지지 않았죠.

구덩이 속의 진짜 모습은 알 수가 없네요.

맞아요. 그래서 지금은 양자역학의 원리에 따라 중력을 설명하는 새로운 이론(양자중력이론)을 만드는 연구가 진행되고 있죠.

수수께끼 ❷
한 번 들어가면 다시는 빠져나올 수 없다

블랙홀에는 천체처럼 '표면'은 없지만, '여기부터는 블랙홀입니다'라는 '경계'는 있어요. 그 경계가 블랙홀의 '크기'를 나타내요.

그 경계는 딱 보면 알 수 있나요?

'출입 금지!'처럼 딱 보면 알 수 있는 표시가 있는 건 아니에요. 그래서 무심결에 침입해버리는 경우도 있을 수 있고요.

아니! 무서워요! 무심결에 들어가면 어떻게 되나요?

한 번 들어가면 두 번 다시 빠져나올 수 없어요. 일단 경계를 넘어서면 우주에서 가장 빠른 빛조차도 도망갈 수가 없거든요.

빛을 빨아들인다는 거예요?

정확히 말하자면 빛이 빠져나갈 수 없는 이유는 공간이 일그러져 있기 때문이에요. 블랙홀 주변은 공간이 강렬하게 일그러져 있거든요.

네? 공간이 일그러져 있는데, 그것도 강렬하게요?

공간이 꺾여 있으면 빛의 진로도 꺾여요. 블랙홀의 경계를 넘어선 빛은 마구 일그러진 공간에 갇혀서 탈출할 수 없게 되는 거고요.

> 공간을 일그러뜨려서 가두다니, 끝판왕답게 무시무시한 방법이네요.

난처하게도 블랙홀에서 '빛(전자파)'이 빠져나가지 못한다는 건 아무런 '정보'도 도달하지 못한다는 걸 의미해요. 그래서 블랙홀 속이 어떻게 생겼는지 알 수 없는 거죠.

> 만약 블랙홀에 들어가서 굉장히 유력한 정보를 알아냈다 하더라도 밖으로 전달할 수가 없는 거네요? 마치 무서운 호랑이가 숨어 있는 구덩이처럼……

맞아요. 블랙홀의 경계는 전문 용어로 '사건의 지평선'이라고 해요. 이 지평선 저편에는 어떤 사건이 일어나는지 알 수 없다는 뜻이 담겨 있죠.

> 끝판왕의 무시무시함과는 대조적으로 뭔가 문학적인 울림이 있는 이름인데요.

수수께끼 ❸
시간이 멈춘다

블랙홀 주변은 공간뿐 아니라 시간도 뒤틀려 있어요.

> 네? 시간이 뒤틀려 있다니……. 무슨 뜻이죠?

사실 시간의 흐름은 장소에 따라 달라요. 블랙홀처럼 중력이 강한 곳에 있으면 시간의 흐름이 느려지거든요.

> 중력이 '강한' 장소 ➡ 시간의 흐름이 느려진다.
> 중력이 '약한' 장소 ➡ 시간의 흐름이 빨라진다.

블랙홀에 다가가면 움직임이 달팽이처럼 느려지는 건가요?

그렇진 않아요. 조금 복잡한데, 블랙홀 가까이에 있는 사람에게 시간은 평소대로 흐르는 것처럼 느껴져요. 그런데 블랙홀 '근처에 있었던 사람'과 '멀리 있었던 사람'의 시계를 비교해 보면, 경과한 시간이 어긋나 있어요.

어디에 있었느냐에 따라 시간의 흐름이 어긋난다니, 신기해요.

블랙홀은 중력이 너무 강하니까 시간의 뒤틀림도 강렬해져요. 어떤 사람이 무심결에 블랙홀 경계 부근에 다가가면, 눈 깜짝할 사이에 빨려 들어가서 영영 돌아올 수 없는 사람이 돼요. 그런데 블랙홀에서 멀리 떨어진 곳에 있는 도코가 그 모습을 직접 보면, 빨려 들어가는 사람 입장에서는 눈 깜짝할 시간이 '아……' 하고 영원히 길게 느껴지는 거예요.

네에에에……?

블랙홀에 빨려 들어간 사람은 경계 부근에 딱 붙어 있는 것처럼 보여요. 그 사람이 구멍 속으로 사라지는 결말을 끝까지 보기 전에 도코가 먼저 수명을 다할 거라는 의미예요. 블랙홀의 경계를 보면 시간이 멈춘 것처럼 보이거든요.

너무 기묘해서 제 머릿속이 멈췄는데요…….

수수께끼 ❹
스몰, 미디엄, 라지 사이즈가 있는데, 라지는 어떻게 생겨났는지 모른다

블랙홀은 굉장히 기묘하지만, 이 우주에 실제로 존재해요. 지금 알려진 블랙홀은 무게에 따라 3개로 분류되는데, 여기서는 스몰, 미디엄, 라지 사이즈라고 부를게요.

스몰, 미디엄, 라지라니, 꼭 감자튀김 사이즈 같네요.

그 말을 들으니 허기가 지네. 그럼 각각 차이를 정리해보면……

> **3가지 사이즈의 블랙홀**
> ○ 스몰 사이즈 : 태양의 수 배~수십 배의 무게(항성 질량 블랙홀)
> ○ 미디엄 사이즈 : 태양의 100배~수십만 배의 무게(중간 질량 블랙홀)
> ○ 라지 사이즈 : 태양의 100만 배~100억 배의 무게(초대 질량 블랙홀)

스몰 사이즈 블랙홀은 별이 죽고 나서 나타나고(레슨 4 참조), 라지 사이즈 블랙홀은 은하 중심(레슨 5 참조)에 있어요.

라지 사이즈는 '몬스터 블랙홀'이라고도 불렸죠?

맞아요. 그런데 이 몬스터급 라지 사이즈 블랙홀이 어떻게 생겨났는지는 알 수 없어요. 블랙홀이 커지려면 가스나 별을 빨아들이거나 블랙홀끼리 합체하는, 두 가지 방법밖에 없거든요. 그러니까 먹이를 먹든지 서로 잡아먹어야 해요.

블랙홀이 서로 잡아먹는 걸 상상했더니 너무 무서운데요, 그렇게

> 해서 커진 게 아닌가요?

조금씩 바지런히 먹으면 증량을 할 수 있지만, 신기하게도 우주가 생겨나고 얼마 지나지 않은 시기(우주 탄생부터 수억 년 후)에 라지 사이즈 블랙홀이 탄생했어요. 어떻게 한정된 시간에 몸을 거대하게 만들었을까요? 이게 아직도 해결되지 않은 문제예요.

> 감자튀김 사이즈 올려달라고 하는 것처럼 간단한 게 아니군요.

맞아요. 해결의 실마리가 될 것으로 기대되는 건 미디엄 사이즈 블랙홀이에요. 미디엄 사이즈는 스몰 사이즈에서 라지 사이즈로 성장하는 도중에 있는 것으로 추측되죠. 미디엄 사이즈 블랙홀을 연구해보면 라지 사이즈로 급성장하는 비밀을 알 수 있을지도 몰라요.

수수께끼 ❺
외계인이 모여드는 맛집!?

무엇이든 빨아들이는 블랙홀은 무시무시한 에너지를 생성하는 능력도 가졌어요. 어떨 때는 우주에서 가장 환하게 빛날 때가 있죠.

> 네!? 블랙홀은 빛조차도 도망치지 못한다면서요? 그런데 환하게 빛나다니, 모순 아닌가요?

정확히 말하면 빛을 내는 건 블랙홀 주변이에요. 블랙홀 주변을 떠돌던 가스가 구덩이로 빨려 들어가면 어마어마한 속도를 내는데, 그게 점점 더 빨라지거든요. 가스는 서로 스치면 뜨거워져서 상상을 초월할 정도로 환한 빛을 뿜어내고요.

> 블랙홀의 구덩이 자체는 새까맣지만 그 주변이 빛난다는 건가요?

은하 중심에 있는 라지 사이즈 블랙홀로 가스가 빨려 들어가면 우주에서 가장 밝은 천체인 '퀘이사'가 돼요. 블랙홀의 크기나 구덩이로 떨어지는 가스의 양에 따라 블랙홀 주변을 밝히는 정도가 달라져요.

> 그게 '레슨 5'에서 이야기했던 은하의 '활동성' 차이로 이어지는 것이군요.

맞아요! 꼭 라지 사이즈가 아니더라도, 필요 없는 사물을 블랙홀에 버리고 에너지로 쓰기 좋게 꺼내는 기술인 '펜로즈 과정'도 있어요. 아무거나 버리면 된다니 이보다 편리한 게 어디 있겠어요.

> 아무거나 버려도 된다고요? 쓰레기통으로 들어간 제 소중한 기획서처럼요?

물론이죠(웃음). 제일 좋은 건 처치하기 곤란한 방사성 폐기물이에요. 블랙홀에 방사성 폐기물을 버리고 에너지를 얻는 거죠. 블랙홀은 환경과 에너지 문제를 동시에 해결할 수 있는 만능 재주꾼이에요.

> 우와, 대단하네요! 지구 옆에 갖다 놓고 이용하면 딱 좋겠다.

아니면 블랙홀 주변에 도시를 만들어서 가서 살면 되죠. 그런데 그런 건 인류보다 훨씬 더 고도의 기술을 가진 외계인이나 할 수 있겠죠?

> 외계인이 블랙홀을요!?

문명이 고도로 발달한 곳에서는 블랙홀이 얼마나 유용한지 이미 알지 않을까요? 블랙홀 주변에 외계인 도시가 여기저기 떠 있을지 누가 알겠어요.

> 블랙홀의 존재도 신기한데 정체불명 외계인들까지⋯⋯. 끌어당기는 힘만큼은 블랙홀이 최고네요.

수수께끼 ❻
무엇이든 토해내는 '화이트홀'도 있다?

이 세상 온갖 것들에 '겉과 속', 빛과 그림자'가 있듯이, 블랙홀에도 성질이 정반대인 '화이트홀'이 있다는 가설이 있어요.

> 이번엔 흑과 백인가요.

무엇이든 빨아들이는 블랙홀과 달리, 화이트홀은 무엇이든 뱉어내요. 재미있는 가설은 "블랙홀에 빨려 들어가면 '웜홀'이라는 시공의 터널이 나타나는데, 그 안으로 들어가면 이어져 있는 화이트홀을 통해 밖으로 튕겨져 나온다"는 거예요. 쉽게 말하면 아득하게 떨어져 있는 두 지점을 순간 이동할 수 있다는 뜻이고요.

> 순간 이동이요? 도라에몽에 나오는 '어디로든 문'이 우주에 존재할지도 모른다는 말이에요!?

화이트홀이나 웜홀은 이론상으로는 있을 수 있대요. 하지만 아쉽게도 이들의 존재를 발견한 관측 사실은 아직 없어요.

> 뭐야, 탁상공론이잖아요······.

실망하기엔 이를 걸요. 블랙홀의 존재를 이론적으로 예언했을 때 세상 사람들은 어땠나요? '그런 게 있을 리 있나요?'라며 믿지 않았잖아요. 지금은 블랙홀의 존재가 확인되었고요. 화이트홀이나 웜홀도 몇 년 후에는 그 존재를 인정받을지도 몰라요.

> 그런가요! '어디로든 문'처럼 자유자재로 순간 이동을 할 수 있으면 재미있겠네요. 그런데 바꿔 생각하면 먼 우주에서 어떤게 튀어나올지도 궁금해요.

수수께끼 ❼
블랙홀 안에 '또 다른 우주'가 있……을지도!?

마지막 수수께끼예요. 블랙홀이 이어진 곳에는 '이 우주와 멀리 떨어진 다른 장소'가 아니라 '이 우주와는 아예 다른 우주'가 있다는 설도 있어요.

> 네!? '블랙홀 안에 또 다른 우주'가 펼쳐질지도 모른다는 뜻이에요?

그 주장에 따르면, '우리 우주 자체도 블랙홀 안에 존재할지도 모른다'는 거예요.

> 저기…… 도대체 무슨 말씀을 하시는 건가요.

나도 모르겠네요(웃음). 어떤 블랙홀 안에 우리 우주가 있고, 이 우주 여기저기에 있는 블랙홀 안에도 다른 우주가 펼쳐져 있다…….

> 그리고 그 다른 우주에도 블랙홀이 있……. 그러니까 이 우주는 블랙홀의 마트료시카다, 뭐 그런 건가요?

블랙홀의 마트료시카

> 블랙홀 안에 있는 우주 안에 있는 블랙홀 안에 있는 우주 안에 있는 블랙홀 안에……

우주는 정말 어떤 구조로 이루어져 있을까요? '우주와 우주의 다리' 역할을 할지도 모르는 블랙홀은 우주의 진짜 얼굴을 알 수 있는 단서가 될 거예요.

> 블랙홀 안에 어떤 세계가 펼쳐져 있는지 꼭 밝혀내면 좋겠어요.

수수께끼를 불러일으키는 친근한 힘

> 우와, 정말이지 블랙홀은 수수께끼투성이였네요! 설마 블랙홀에서 멀리 떨어진 장소로 이동을 한다거나 다른 우주로 간다는 가능성이 나올 줄이야…….

블랙홀은 그 강력한 중력 때문에 수수께끼가 생기는 거예요. 중력이 너무 강한 나머지 공간과 시간이 강렬하게 뒤틀리면서 신기한 일이 일어나는 거죠.

> 우리가 알던 중력은 '손을 놓으면 물건이 떨어진다', 이렇게 친근한 힘이잖아요?

친근한 줄 알았던 중력이 이렇게 신기한 일을 일으킨다니, 우주는 정말 재미있죠.

> 일상과 너무 동떨어져 있어서 자극이 됐어요! 끝판왕답게 뇌가 상당히 지쳐버렸지만요(웃음). 그래도 재미있어요.

호기심을 자극해주는 세계를 갖고 있다는 게 얼마나 복 받은 일인가요. 일상생활이 따분해지면 또 블랙홀 세계로 놀러 오세요. 블랙홀은 아직도 깊고 할 이야기가 많으니까요.

그러네요. 일하다 막히면 머릿속 생각만이라도 블랙홀을 타고 다른 우주로 현실 도피를 하려고합니다(웃음).

레슨 10 총정리

✦ 블랙홀은 중력이 너무 강해서 빛조차도 빠져나갈 수 없는 천체다.
✦ 빛을 가두기 때문에 우주에 구멍이 뻥 뚫려 있는 것처럼 보인다고 해서 '블랙홀'이라고 부른다.
✦ 중력이 너무 강력한 나머지 공간과 시간이 심하게 뒤틀려 있어서 여러 가지 신기한 일이 일어난다.

레슨 11 **상대성 이론** Theory of Relativity

평범한 사람도 이해할 수 있다!

천재 아인슈타인의 '상대성 이론'

공간이나 시간은 '절대적'이지 않다

> 얼마 전에 들었던 '블랙홀' 이야기가 너무 재미있어서 바로 편집장님에게 '블랙홀' 특집을 하지 않겠냐고 물어봤다가 험한 꼴을 당했어요. '상대성 이론'이 어떻다느니, 한 시간 동안 저를 붙잡고 횡설수설하시는 거예요…….

원래 블랙홀은 아인슈타인의 '상대성 이론'에서 이끌어낸 게 맞아요. 편집장님이 흥분한 것도 이해되는데요. 그럼 이번에는 '상대성 이론' 이야기를 해볼까요!

> 으악! 수수께끼투성이 블랙홀을 이끌어낸 이론이라니, 안 봐도 어려울 것 같은데요.

괜찮아요. 여기서는 어려운 수식을 쓰지 않고 요점만 간단히 소개할 테니 분명 흥미가 생길 거예요.

> 하다가 못 따라가겠으면 더 이상 상대하지 않겠어요…….

그런 말은 말고요(웃음). 상대성 이론의 포인트를 한마디로 말하자면,

'공간도 시간도 절대적인 것이 아니라 각각 놓인 상황에 따라 변화하는 상대적인 것'이라는 거예요.

> 절대적이 아니라 상대적이라고요!? 그렇군요. 그래서 '상대성 이론'이라고 하는군요. 그런데 그게 어떤 거예요?

상대성 이론이 밝혀낸 충격적인 사실

상대성 이론은 1905년에 발표한 '특수 상대성 이론', 그리고 그걸 확장해서 1915년부터 1916년에 발표한 '일반 상대성 이론'이라는 두 편으로 이루어져 있어요. 상대성 이론에서 이끌어낸 결론을 간단히 정리하면 4개의 포인트가 있어요.

'상대성 이론'의 포인트 4개

❶ 공간이나 시간은 물체의 움직임에 따라 변화한다.
❷ 에너지가 물질로 변하기도 하고, 물질이 에너지로 변하기도 한다 ($E=mc^2$).
❸ 물체 주변에서는 공간과 시간이 일그러진다.
❹ 일그러진 시공이야말로 중력의 정체다.

> 왠지 구미호에 홀린 기분이에요. 이런 일들이 정말 현실에서 일어난다고요?

상대성 이론이 신기한 이유는 빛에 있다

상대성 이론이 신기한 이유는 '빛' 때문이에요.

빛 때문이라고요? 언제부터 빛이 그런 악당이 된 건가요…….

사실 '빛'에는 정말 신기한 성질이 있는데요. 누가 어떻게 봐도 빛은 속도가 변하지 않는다는 점이죠.

그게 무슨 말이에요?

예를 들어 고속도로를 달리는 차 두 대가 있다고 치죠. 도코는 시속 70킬로미터로 달리고 있고, 앞에 가는 다른 차는 시속 80킬로미터로 달리고 있어요. 그럼 앞에 가는 차의 시속이 빠르니까 조금씩 멀어지겠죠. 도코가 운전하는 차에서 봤을 때 앞에 가는 차가 멀어지는 속도는 어떻게 될까요?

음, '800-70=10'이니까 시속 10킬로미터 아닌가요?

정답! 그럼 이번에는 지구에서 우주로 빛을 발사한 경우를 생각해보죠. 빛의 속도는 초속 30만 킬로미터예요. 이 빛을 초속 10만 킬로미터인 우주선을 타고 따라가 볼게요. 우주선에서 보면 빛의 속도는 어떻게 될까?

이번에는 '30-10=20'이니까 초속 20만 킬로미터 아니에요?

보통은 그렇게 생각하죠. 하지만 빛의 속도는 초속 30만 킬로미터를 그대로 유지해요.

엥! 왜요?

빛의 속도가 변하지 않는 이유는…… 아무도 몰라요!

아니! 그게 가능해요?

차 안에서 본 차와 우주선에서 본 빛

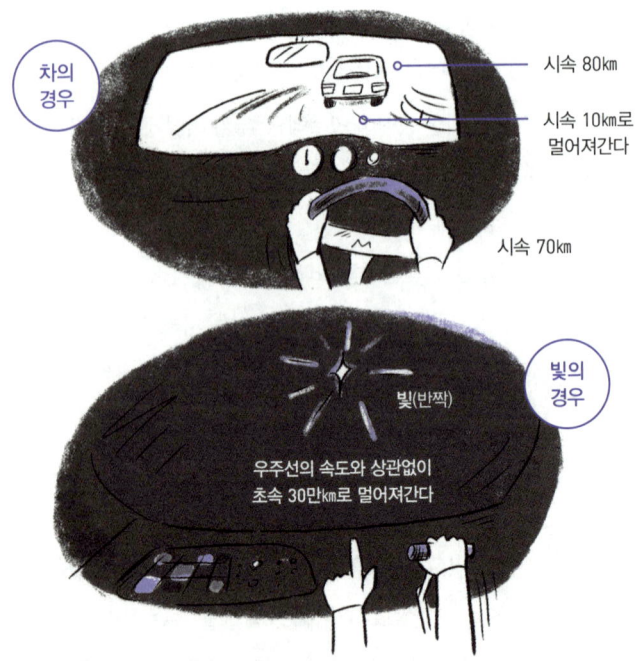

충격적이지만 실험한 게 있으니 '빛의 속도는 변하지 않는다'라는 결론을 그냥 받아들이도록 해요*13. 아인슈타인은 '빛의 속도는 절대적이다'라는 사실을 출발 지점으로 설정하고 이리저리 궁리해봤어요. 그

*13 ───── 빛의 속도는 빛이 지나는 장소에 따라 달라집니다. 진공 속에서는 초속 30만 킬로미터이지만, 물속에서는 초속 22.5만 킬로미터가 됩니다(진공의 75%). 여기서 문제로 삼은 것은 '관측하는 사람이 움직이더라도 빛의 속도는 변하지 않는다'라는 점이에요.

렇게 이끌어낸 것이 상대성 이론인데, 거기서 '빛의 속도가 아닌 공간이나 시간이 변화한다'라는 사실이 분명해졌고요. 구체적으로는 '물체가 움직이면 길이가 줄어들고 시간이 늦어진다'라는 현상이 생겨요.

> 저는 공간이나 시간이 어디서 누가 보든 변하지 않는 줄 알았는데, 사실은 그렇지 않았군요. '절대적'인 것은 공간도 시간도 아닌 '빛'이었다니.

빛의 속도는 절대적이니까 어떤 물체든 빛의 속도에 도달하기란 불가능해요. 빛의 속도에 가까워지면 마치 몸이 물먹은 솜처럼 가속되기가 힘들어지거든요.

> 절대 쫓아가지 못한다니, 마치 뭔가에 홀렸거나 어떤 절대자와 마주한 거 같아요. 무섭다……

'세계에서 가장 유명한 방정식'이 뜻하는 것은?

아인슈타인은 시간과 공간의 새로운 성질뿐 아니라 '에너지와 물질의 특별한 관계'도 발견했어요. 그 관계성을 나타낸 '$E=mc^2$'는 '세계에서 가장 유명한 방정식'이라고 불리죠.

> 학교에서 수업 시간에 본 적이 있는 것 같기도 해요. 내용은 까먹었지만……

> **E=mc²의 의미**
>
> ○ 물체는 존재하기만 해도 에너지를 가진다.
> ○ 에너지의 양(E)은 물체의 질량(m)에 빛의 속도(c)를 제곱한 값이다.
> ○ 에너지가 물질(질량)로 바뀌기도 하고 물질(질량)이 에너지로 바뀌기도 한다.

'E=mc²'는 '어떤 물체든 존재하기만 해도 에너지를 가진다'는 뜻이에요. 도코 역시 여기에 가만히 있기만 해도 에너지가 넘치는 존재라고 할 수 있죠.

> 아직 입사 2년 차인데요……?

질량이 50킬로그램인 물체는 450경 줄이라는 에너지를 가져요. 이건 매그니튜드 9짜리 지진이 두 번, 대충 45억 발 정도의 벼락에 해당하는 에너지예요.

> 헉! 제 몸무게는 어떻게……. 제 몸무게는 둘째 치고, 그렇게 대단한 힘이 있다고요!? 편집장님이 벼락같이 치는 호통을 매일 맞기만 했는데 이제 안 무섭네요.

잠재적으로는 그 정도 에너지가 들어 있어요. 하지만 물질을 마음껏 에너지로 변환할 수 있는 건 아니에요. 우리 주변에는 물질의 일부를 효율 좋게 에너지로 변환하는 특수한 장소가 있어요.

> 그거 혹시 항성이에요? '레슨 4'에서 사물이 그냥 탈 때보다 항성이 핵융합 반응을 할 때 훨씬 더 에너지 효율이 좋다고 했죠.

퍼펙트! 사실 핵융합 반응으로 새로운 원소가 만들어질 때, 아주 살짝 질량이 줄어들어요. 이 줄어든 질량에 해당하는 에너지가 항성의 빛과 열이 되었던 거죠*14.

> 태양이나 밤하늘의 별이 내는 에너지원은 'E=mc²'였던 거군요.

토끼나 게맛살도 시공을 일그러뜨린다!?

아인슈타인은 '중력의 비밀'도 밝혀냈어요. 상대성 이론에 따르면 물체가 있을 때 주변의 공간과 시간이 일그러지죠. 도코 역시 지금 이 순간에도 주위의 시공을 일그러뜨리고 있는 거예요.

> 그러고 보니 회의 중에 제가 발언할 때면 사람들 얼굴이 일그러질 때가 있었어요.

아쉽게도 그건 상대성 이론이 아니라 상대적 인식 문제인데……. 도코뿐만 아니라 귀여운 토끼도 그렇고 맛있는 게맛살도 그렇고, 어떤 물체만 있으면 그 주변의 시공이 일그러져요.

> 토끼도 게맛살도요!? 혹시 일그러져 있는 모습을 눈으로 알 수 있나요?

이렇게 일상적인 물체가 주변 공간과 시간에 주는 영향은 매우 적어요. 물체가 무거울수록(질량이 클수록) 공간과 시간이 더 크게 일그러지죠. 그 극단적인 케이스가 바로 '블랙홀'이었던 거고요.

> 그래서 블랙홀에서는 빛이 갇히거나 시간이 멈추기도 한 거군요.

---

*14 ―― 원자력 발전소나 원자폭탄 안에서는 연료의 원자핵이 분열할 때 질량을 잃고, 그에 상당하는 에너지가 발생하는 '핵분열 반응'이 일어납니다. 제2차 세계대전 중에 히로시마에 떨어진 원자폭탄에는 에너지로 변환된 물질의 질량이 고작 1그램 정도였습니다.

블랙홀이 특별한 건 줄 알았더니 우리 주변의 물건들도 공간과 시간을 일그러지게 한다니…… 놀랍네요.

뉴턴 vs. 아인슈타인

상대성 이론이 나오기 전까지 '모든 물체에는 서로 끌어당기는 중력(인력)이 작용한다'라는 주장이 일반적이었어요. 힘의 세기는 물질의 양(질량)에 비례하죠. 이걸 뉴턴의 '만유인력의 법칙'이라고 해요.

뉴턴은 들은 적이 있죠. 나무에서 떨어지는 사과를 보고 번뜩 생각해낸 거잖아요.

그런 일화가 있었죠[*15]. 그런데 아인슈타인의 상대성 이론에 따르면, '물체가 있을 때 주변의 시공이 일그러지고, 일그러진 시공에 물체가 있으면 움직인다'라는 현상이 일어나요.

음~ 어떤 건지 감이 안 오는데요. 그건 지구가 태양 주위를 도는 현상에도 말할 수 있는 건가요?

맞아요. 뉴턴의 만유인력의 법칙으로 보면, 지구가 태양 주위를 도는 이유는 태양의 강한 중력이 지구를 태양 방향으로 끌어당기기 때문이라고 설명해요.

[*15] 물체를 손에서 놓으면 땅으로 떨어진다는 사실은 옛날부터 알려져 있었습니다. 뉴턴은 '사과가 나무에서 떨어지는 현상', '달이 지구를 도는 현상', '지구가 태양을 도는 현상'을 같은 법칙으로 설명할 수 있다는 사실을 깨달았지요. 지상 세계와 하늘 세계를 물리 법칙으로 연결한 것이 획기적이었습니다. 참고로 나무에서 떨어지는 사과를 보고 생각해냈다는 일화는 진실인지 알 수 없습니다.

음음.

그런데 아인슈타인의 상대성 이론으로 보면, 태양 주위의 시공이 일그러져 있고 지구는 일그러진 시공 쪽으로 살살 움직이고 있는 것뿐이에요. 지구는 똑바로 가려고 해도 공간 자체가 일그러져 있기 때문에 자꾸 휘는 거죠.

'지구가 태양 주위를 돈다'라는 같은 현상도 설명 방법이 완전히 다르네요.

맞아요. 아인슈타인은 '중력의 정체는 일그러진 시공에 있다'라는 사실을 발견했어요. 기묘하게 들리겠지만, 상대성 이론은 관측이나 실험을 통해 맞다는 사실이 증명되었죠. 만유인력의 법칙만 가지고는 미처 설명하지 못했던 행성(수성)의 아주 작은 움직임이 상대성 이론에서는 딱 맞아떨어졌거든요.

우와! 그럼 뉴턴이 틀렸던 건가요?

아인슈타인과 뉴턴

아인슈타인
'상대성 이론'

지구는 태양이 일그러뜨린 공간을 따라 움직이고 있다.

뉴턴
'만유인력의 법칙'

지구는 태양의 중력에 이끌려 움직이고 있다.

뉴턴의 이론이 완전히 틀린 건 아니에요. 중력이 약하거나 물체의 움직임이 빛의 속도보다 느린 경우에는 '만유인력의 법칙'도 충분히 통하죠. 어떤 이론이든 적용할 때는 한계가 있어요.

> **지구는 왜 태양 주위를 돌까?(뉴턴과 아인슈타인의 차이)**
>
> ○ **뉴턴 '만유인력의 법칙'**
>   지구는 태양의 중력에 이끌려 태양 주위를 돈다.
>
> ○ **아인슈타인 '상대성 이론'**
>   태양 주위에는 시공이 일그러져 있다. 지구는 똑바로 갈 뿐인데, 시공이 일그러져 있는 탓에 태양 주위를 돌게 된다.

'일그러진 공간'과 '일그러진 시간'은 입증되었다!

상대성 이론이 옳다는 건 입증되었다고 말씀하셨는데, '시간이나 공간이 일그러져 있다'는 사실이 실제로 확인된 건가요?

날카로운 질문이에요. 먼저 '일그러진 공간'은 천체 관측을 통해 입증되었어요. 별빛이 태양 옆을 지나갈 때 태양이 일그러뜨린 공간을 따라 빛의 진로가 살짝 휜다는 사실이 확인되었거든요.

우와! 공간이 정말 일그러져 있었군요.

'일그러진 시간'은 스카이트리 전망대에서도 입증되었어요.

스카이트리에서요!?

상대성 이론에 따르면 중력이 약한 곳에서는 시간의 흐름이 빨라져요. 높이 450미터에 있는 스카이트리 전망대에서는 지상보다 중력이 살짝 약하기 때문에 시간이 아주 살짝 빠르게 흘러요. 이론적으로 계산한 '하루에 10억 분의 4초'라는 시간 차이를 기술로 검출해냈죠.

이렇게 가까운 현실에서도 일어나고 있었다니…….

그밖에도 우리가 평소에 쓰는 GPS는 '위성이 움직이면서 시간이 늦어지는 효과'와 '중력이 약해지면서 시간이 빨라지는 효과'가 어우러지기 때문에 시계가 어긋나요. 상대성 이론이 그 작은 차이를 보정해주기 때문에 위치를 올바르게 측정할 수 있는 거고요.

상대성 이론은 이미 실생활에도 응용되고 있었군요.

원래부터 세상은 기묘하기 짝이 없다

아인슈타인의 상대성 이론이 이렇게 신기한 이론일 줄은 생각도 못했어요.

상대성 이론은 신기한 것투성이지만, 현실 세계에서 옳다는 게 입증되었어요. 그러니까 우리가 살고 있는 세계가 처음부터 신기했다는 거죠. 아무도 의문을 품지 않았던 이 기묘한 세계를 알아차린 사람이 바로 아인슈타인이었고요.

그렇군요. 우리는 원래부터 《이상한 나라의 앨리스》처럼 기묘한 세계에 있었던 거군요. 그걸 알아내다니, 아인슈타인이 천재라 불리는 이유를 알겠어요.

기존에 있던 가치관을 180도 바꾸는 대발견은 어려운 일이겠지만, 아인슈타인은 '나에게 특별한 재능은 없다. 그냥 호기심이 매우 왕성할 뿐이다'라는 말을 남겼어요. 호기심을 갖고 여기저기 눈을 돌리는 것쯤이야 우리도 실천할 수 있잖아요.

그러네요. 우리 주변에도 눈치 채지 못한 채 지나가버린 신기한 일들이 아직 숨어 있겠죠? 당연하게 생각했던 일들도 호기심을 갖고 파헤치다 보면, 새로운 발견이 있을지도 모르겠네요!

레슨 11 총정리

- 빛의 속도는 누가 어떻게 봐도 변하지 않는다.
- 빛의 속도가 절대적이기 때문에 시간이나 공간은 상황에 따라 달라지는 상대적인 것이다.
- 상대성 이론이 옳다는 사실은 입증되어 실생활에도 응용되고 있다.

레슨 12 우주 그 자체 Universe
우주는 무엇으로, 어디까지 이뤄져 있을까?

궁극적인 이야기, '우주'의 정체는 무엇일까?

인류의 앞을 가로막은 '궁극적인 수수께끼'

우주에 대해 꽤 자세히 알게 된 것 같아요.

공부를 열심히 했나 본데요!

천체에 대해서는 지구부터 시작해서 달, 행성, 항성, 은하, 블랙홀까지 배웠어요. 지난번에는 '천체가 있으면 시공이 일그러지고, 시공이 일그러지면 천체가 움직인다'라는 이야기를 했죠.

돌이켜보니 정말 열심히 했군요!

나중에는 머리가 어질어질하더라고요. 이제는 우주에 대해서 꽤 많이 알게 됐다고 말할 수 있겠죠……?

제대로 배웠다고 당당하게 말해도 돼요. 하지만 우주에는 아직 수수께끼가 남아 있죠.

아직도 있어요?

마지막 레슨에서는 '우주 그 자체'의 이야기를 하려고 해요. 우주의 현재, 과거, 그리고 인류의 앞을 가로막은 '궁극적인 수수께끼'까지요.

> 만만치 않을 것 같은 예감……. 그래도 이제 막바지니까요. 열심히 해볼게요!

우주는 무엇으로 이루어져 있을까?

먼저 도코가 우주를 얼마나 알게 됐는지 수치로 나타내보죠. 우주 전체는 무엇이 어느 정도의 비율로 차지하고 있을까요? 우주의 내용물을 들여다보면 다음과 같아요.

우주의 '내용물'

○ 일반 물질 ⇒ 5%
○ 정체불명의 물질(암흑물질) ⇒ 26%
○ 정체불명의 에너지(암흑에너지) ⇒ 69%

책, 음식, 생물 같은 우리 주변의 사물이나 지금까지 배운 여러 천체 같은 '일반 물질'은 우주 전체에서 고작 5%예요. 바꿔 말하면 '우주의 95%는 정체불명'이라는 거죠!

> 으아아아! 우주에 대해 전혀 모르는 거나 마찬가지잖아요! 지금까지 배운 건 극히 일부였단 건가요(히잉……).

아쉽지만 그렇답니다. 정체불명 중에서 69%는 에너지인 '암흑에너지'이고, 26%는 물질인 '암흑물질'이에요.

> 알 수 없는 물질이나 에너지가 우주 전체를 점령하고 있었다

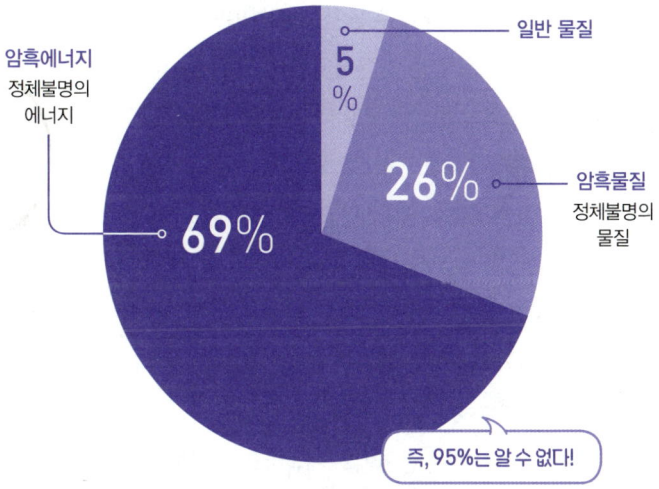

니……. 우리가 '일반'이라고 생각했던 모든 것은 사실 소수의 존재였네요.

인간들은 우리 주변에 있는 것들을 '일반'이라거나 '상식'이라고 생각하기 마련인데, 우리가 상식이라고 생각했던 것들이 반드시 옳다고는 할 수 없다는 거죠.

'레슨 9'에 나온 외계 행성에서도 '태양계의 상식은 우주의 비상식'이라는 말이 나왔는데, 또 상식이 뒤집어졌어요.

우주는 빵처럼 부풀어 오르고 있다!?

우주의 내용물뿐 아니라 우주 공간 그 자체에도 놀랄 만한 사실이 숨어 있어요. 그걸 가르쳐 준 건 은하인데요. 지구에서 여러 은하를 관측해보면, 멀리 떨어진 은하는 모두 다 지구에서 멀어지고 있어요. 멀리 있는 은하일수록 그 속도도 빠르고요.

> 은하가 지구에서 멀어진다고요? 우리 지구가 미운털이 박힌 건가요?

우주 공간 자체가 발효 중인 빵처럼 부풀어 오르고 있다는 뜻이에요. 공간이 팽창하기 때문에 은하와 은하가 점점 멀어지는 거죠.

> 우주가 빵처럼 부풀어 오른다고요!?

이렇게 이야기하고 있는 동안에도 계속이요. 신기하겠지만, '레슨 11'에서 이야기한 아인슈타인의 상대성 이론에서는 우주 자체가 팽창하거나 수축하는 게 허용돼요.

> '물체가 있으면 시공이 일그러진다'라는 내용이었으니까 우주 자체가 꿀렁꿀렁 움직여도 이론적으로는 문제가 없다는 건가요?

그런데 당사자인 아인슈타인은 '우주는 영원히 불변하다'라고 믿었어요. 그래서 우주의 모양이 변하지 않도록 방정식에 살짝 잔재주를 부려 놓은 적도 있었죠.

> 우와, 그 천재가 방정식을 건드렸다고요!?

하지만 '은하가 멀어진다'라는 확고한 관측 사실을 직접 눈으로 확인했고, 방정식에 잔재주를 부린 건 '인생 최대의 실수였다'라며 틀린 걸 인정했어요.

우주에 '끝'은 있을까?

우리가 이러고 있는 동안에도 우주 공간 그 자체가 계속 부풀어 오르고 있다니, 생각할수록 신기해요. 10개의 질문 중 9번 질문에서는 우주 전체가 어떤 모양인지, 그러니까 우주에 '끝'이 있는지도 잘 모르겠다는 이야기가 있었잖아요?

맞아요. 우주에 끝이 있는지 없는지는 알 수 없어요! 우리는 지구에서 약 465억 광년 떨어진 범위까지만 관측할 수 있죠. 하지만 실제 우주는 그보다 몇 억, 몇 조 배를 넘어 아득히 먼 곳까지 펼쳐져 있다고 추측돼요. 그래서 끝이 있는지 없는지를 직접 확인하기란 불가능하죠.

지금까지 배운 건 우주의 내용물로만 봐도 고작 5%였고, 우주 공간으로 봐도 지극히 한정된 일부였던 거군요……

너무 의기소침해 하지 말아요. 우주의 끝(가장자리)에는 3개의 가능성을 생각할 수 있어요.

우주의 '끝(가장자리)'에 대한 3개의 가능성
❶ 우주는 무한히 펼쳐져 있으며 끝이 없다.
❷ 우주의 크기에는 한계가 있지만 끝은 없다.
❸ 우주의 크기에는 한계가 있고 끝도 있다.

첫 번째로 '우주는 무한히 펼쳐져 있다'인 경우.

한계가 없이 계속 펼쳐져 있으니까 끝이 없다는 거네요.

맞아요. 나머지 2개는 우주의 크기에 한계가 있는 경우예요. 하나는

'우주의 크기에는 한계가 있지만 끝은 없다'인 경우. 이건 앞에서 이야기한 것처럼 최대한 멀리 열심히 간 줄 알았더니 어느새 출발 지점으로 돌아와 있는 우주예요.

> 두 번 다시 돌아오지 않겠다며 굳게 다짐하고 여행을 떠났는데, 어느새 출발 지점으로 돌아와 있으면 조금 허무하겠는데요.

마지막 가능성인 '우주의 크기에는 한계가 있고 끝도 있다'면 우주는 어떠한 형태를 갖고 있고, 그 끝은 아득히 먼 곳에 있겠죠. 그 끝은 지금도 점점 더 멀어지고 있지만 어떤 모양인지, 그 바깥쪽에 무엇이 있는지는 전혀 알 수 없어요.

> 끝의 바깥쪽에도 공간이 있으면 그곳도 우주 공간일 텐데 뭔가 이상하지 않아요? 만약 공간이 없으면 대체 뭐가 있을까요? 도무지 영문을 알 수가 없어요……*16

불덩어리의 대폭발 '빅뱅'

여기까지 '현재의 우주'를 알아봤는데, 이제부터는 '과거의 우주'를 알아보죠. 지금 우주는 점점 팽창하고 있어요. 그 말인즉슨, 시간을 거슬러 올라가면 어떻게 될까요?

> 뒤로 돌아갈 테니까 점점 줄어든다……. 맞나요?

---

*16 ——— 현재 '끝(가장자리)이 있다'라는 징후나 증거는 발견되지 않았습니다. 그래서 과학자들은 '끝(가장자리)이 없는 우주(①과 ②)'를 예상했고, 눈에 보이는 범위 내에서 공간의 성질을 조사하여 ①인지 ②인지 검증하려고 하고 있습니다.

맞아요! 시간을 되돌리면 우주는 수축하면서 여기저기에 있는 물질이 점점 모여들 거예요. 옛날의 우주는 지금보다 훨씬 작아서 이과 용어로 말하면 '고온·고밀도 에너지 덩어리'이고, 느낌상으로 말하면 '활활 타오르는 똘똘 뭉친 불덩어리'였어요. 138억 년 전, 우주는 불덩어리의 대폭발로 시작된 거죠. 고온, 고밀도 상태로 폭발적으로 팽창하려는 이 불덩어리를 '빅뱅'이라고 해요.

> 우주가 그렇게 극적으로 생겨난 건가요! '빛이 있으라.'라는 말과 함께 우주가 시작됐다는 구약성서의 창세기 같아요.

빅뱅 이론이 정말 그래요. '우주에는 시작이 있다. 그렇다면 누가 그것을 준비했는가?(신이 아닌가?)', 이렇게 신과 어떠한 연결이 있다고 추측하게 만드는 이론이었어요. 처음 이 주장이 나왔을 때는 수많은 과학자가 이에 동조하지 않았고, 큰 충격을 준 가설이기도 했죠.

우주가 시작하고 '마이크로 세계'에서 일어난 일

빅뱅 직후에 활활 불타오르던 우주는 마이크로와 관련이 있어요.

> 장대한 우주에서 웬 마이크로 이야기예요?

온도가 높으면 물질의 구성 요소는 마이크로 크기로 뿔뿔이 흩어지니까요. 물질의 최소 단위를 '소립자'라고 하잖아요. 갓 탄생한 우주는 '소립자'가 뒤죽박죽 뒤섞인 세계였어요.

> 제 회사 데스크 위에도 자료들이 뒤죽박죽 섞여 있는데요……. 그 정도로 혼돈의 세계였군요.

아무리 어질러진 장소도 갓 태어난 우주와 비교하면 대수롭지 않을 걸요(웃음). 우주가 시작하고 0.0001초(1만 분의 1초)가 지나 온도가 1조 도까지 식었을 때, 소립자가 엮여서 '양자'와 '중성자'가 만들어졌어요. 양자는 '수소'와 거의 같아요.

> 우와, 시간까지 단위가 정말 작네요! 게다가 식었는데도 1조 도라니! 상상도 못할 세계예요.

그리고 몇 분 후에 양자(수소)와 중성자가 합체해서 헬륨이 만들어졌고요. 이 수소와 헬륨은 항성의 재료가 되었어요.

> '레슨 4'에서는 우리 주변에 있는 것들이 별의 일생과 이어져 있다는 이야기를 했죠? 그리고 그 루트를 따라가면 빅뱅으로 이어진다는 거고요!?

맞아요. 모든 물질의 기원은 빅뱅에 있어요.

> 우리의 기원이 상상도 못할 정도로 뜨거운 세계였다니……. 왠지 몸에 흐르는 피가 부글부글 끓어오르는 듯한 느낌이네요.

지금도 지구로 쏟아지는 빅뱅의 증거

그 당시 우주 전체가 반짝반짝 빛났을 거예요. 하지만 그 주변을 우글우글 날아다니는 '전자' 때문에 빛이 똑바로 나아가질 못했을 거고요. 구름이나 안개 속에 있으면 빛이 산란해서 시야를 방해하잖아요? 그런 상태였어요.

> 하긴, 운전 중에 안개 속으로 들어가면 주변이 뿌옇게 보이죠.

우주가 탄생하고 38만 년 후, 전자가 양자와 붙어서 사라진 덕분에 빛은 똑바로 뻗어가게 되었고요. 이때를 '우주 재결합 시대'라고 해요.

시야가 탁 트였겠네요. 기분 좋을 것 같아요!

우주로 이제 막 나간 빛은 우주의 팽창과 함께 점점 길어져서 '마이크로파'라는 전파가 됐어요. 이 전파는 지금도 지구에 닿고 있고요.

우주 초창기에 생긴 빛이 살아남아서 지금도 지구로 쏟아지고 있다는 건가요!

이 '태고에 살아남은 빛'인 전파는 빅뱅이 일어났다는 확고한 증거예요. '우주 마이크로파 배경 복사'라고 하는데, 발견자는 노벨상을 받았죠.

보이지도 않고 만지지도 못하는데 존재는 한다!? '암흑물질'

우주 재결합 후에 중요한 일을 한 건 암흑물질이에요.

빛이 뻗어나간 줄 알았더니 이번에는 암흑물질 차례인가요?

암흑물질은 우주 여기저기에 떠돌다가 시간이 지나면서 조금씩 모이기 시작했어요. 우주가 탄생하고 약 1~2억 년 후에 암흑물질 덩어리가 생겼고, 거기에 가스가 모여서 우주 최초의 항성 '퍼스트 스타'가 탄생했죠.

'레슨 5'에서는 그런 별이 모이면서 은하가 되었다고 했죠.

맞아요. 우주가 탄생하고 수억 년 후에는 우주 최초로 은하도 탄생했어요. 그뿐만이 아니죠. 암흑물질 덩어리는 더 성장해서 거대한 밀집지가 되었고, 그곳을 기반으로 은하단, 초은하단, 우주 대규모 구조가 만들어졌어요.

> 별이나 은하뿐만 아니라 우주 공간에서 형태 있는 모든 걸 만들어낸 게 암흑물질이었다는 건가요! 그렇게 중요한 역할을 했는데도 그 정체에 대한 단서가 전혀 없는 건가요?

암흑물질에는 3개의 특징이 있다고 알려져 있어요. 암흑물질은 빛(전자파)을 내지 못하니까 보이지 않는다, 만질 수 없다(빠져나간다), 하지만 중력(질량)은 있으니까 주변 물체의 움직임에 영향을 준다.

> 꼭 투명인간 같네요……. 그렇게 눈에 보이지 않는 물질의 중력에 꽉 잡혔던 덕분에 지금이 우주가 있는 거라니 너무 신기해요.

암흑물질의 후보로 '미발견 소립자'를 들 수 있는데, 어떻게든 그걸 잡아내려고 전 세계에서 연구하고 있죠. 혹시 알아요? 어느 날 갑자기 '암흑물질을 잡았다! 정체가 밝혀졌다!'라는 뉴스가 날아 들어올지도요.

> 오, 비밀이 밝혀질 수도 있겠네요!

우주를 끝장내 버릴 힘이 있다!? '암흑에너지'

우주는 빅뱅부터 현재에 이르기까지 쉬지 않고 계속 부풀어 오르고 있어요.

> 아까 이야기를 들었을 때보다 더 커져 있겠네요.

한때 이 우주의 팽창은 시대와 함께 점점 늦춰지고 있다고 예상했어요. 우주에 존재하는 물질은 중력으로 서로 끌어당기기 때문에 팽창에 제동을 거니까요. 그래서 팽창이 어떻게 늦춰지는지 알아보는 연구가 이루어졌는데, 놀라운 사실이 밝혀졌죠.

지금까지 충분히 많이 놀랐지만…… 대체 뭘 알아냈대요?

우주의 팽창은 느려지기는커녕 오히려 빨라지고 있다는 거요.

우주의 팽창이 빨라진다고요!? 왜요?

이유는 알 수 없어요. 중력에 맞서 '우주 공간을 넓히려는 에너지'가 존재한다는 해석밖에 없죠. '암흑에너지'라는 이름만 붙였는데, 그 정체는 미궁 속에 빠져 있고요.

이유도 정체도 알 수 없다니…… 암흑에너지가 우리 삶에 어떤 영향을 주나요?

암흑물질은 그 중력 덕분에 별이나 은하를 만들어내는 계기가 되는데요, 암흑에너지는 '끌어 모으는 힘(중력)'과는 반대로 '밀어내는 힘(척력)'을 낳기 때문에 별이나 은하를 파괴할 우려가 있어요. 그뿐만이 아니라 암흑에너지는 우주 자체를 끝장내버릴지도 몰라요.

아니, 우주가 끝장난다고요!? 그런 사악한 에너지가 우주를 지배하고 있었다니…….

우주의 운명은 암흑에너지가 쥐고 있어요. 그렇기 때문에 그 정체를 반드시 밝혀야 하고요.

우주의 '세 가지 시대'

우주가 탄생하고 현재에 이르기까지 138억 년이라는 역사를 대략적으로 정리해보죠. 우주의 역사는 우주 전체 에너지 중에서 무엇이 지배적이었느냐에 따라 '빛의 시대', '물질의 시대', '암흑에너지의 시대'로 나눌 수 있어요.

> 우주 138억 년의 역사
> ❶ 우주 탄생~약 5만 년   ⇒ '빛'의 시대
> ❷ 약 5만 년~약 100억 년   ⇒ '물질'의 시대
> ❸ 약 100억 년~현재   ⇒ '암흑에너지'의 시대

① 우주 전체가 빛을 내뿜었다, '빛'의 시대
갓 태어난 우주에서는 '빛' 에너지가 지배적이었어요. 모든 것이 뒤죽박죽 뒤섞인 카오스(혼돈) 상태에서 우주 전체가 번쩍번쩍 눈이 부시게 빛났죠.

② 카오스(혼돈)에서 코스모스(질서)로, '물질'의 시대
우주가 팽창하면서 '물질'(일반 물질과 암흑물질을 합친 것) 에너지('레슨 11'의 $E=mc^2$)가 지배했고, 별과 은하가 생겼어요. 그러니까 '카오스(혼돈)에서 코스모스(질서)가 생겨난 시대'라고 할 수 있죠.

③ 우주의 팽창이 빨라진다, '암흑에너지'의 시대

우주가 탄생하고 약 100억 년 후(현재로부터 약 40억 년 전), '암흑에너지'가 대두되었고요. 암흑에너지는 중력을 능가하면서 우주의 팽창을 빨라지게 하고 있죠.

> 우주에도 정권 교체의 역사가 있었군요.

모든 정권은 끝이 있었지만, 암흑에너지의 시대에 끝은 보이지 않아요. 앞으로 계속 이어질 것으로 예상되고 있죠. 우리 우주 자체는 암흑에너지의 지배 아래에서 종말을 맞이할지도 몰라요.

> 자세한 내용은 **250~251** 페이지

우주에 남은 '궁극적인 수수께끼'란?

> 이렇게 우주의 역사를 한눈에 보니까 우주 창조에 관한 '암흑물질'과 우주 파괴에 관한 '암흑에너지'의 수수께끼를 풀어내는 게 얼마나 중요한지 잘 알겠어요.

암흑물질과 암흑에너지의 정체를 밝히는 건 우주 과학에서 가장 중요한 과제라고 할 수 있어요. 하지만 그걸 해결해도 끝은 아니죠. 아직 궁극적인 수수께끼가 남아 있어요. 바로 '우주는 왜, 어떻게 시작되었는가?'라는 거요.

> 우주의 시작은 '활활 타오르는 똘똘 뭉친 불덩어리', 빅뱅이라면서요.

사실 애초에 그 '불덩어리'가 어디서 튀어나왔는지가 큰 수수께끼잖아요.

> 그건 '옛날 옛날 아주 먼 옛날, 할아버지가 살고 있었습니다'에서 이야기가 시작되지만, 대체 그 할아버지가 왜 거기에 있었는지 아무도 모르는 그런 건가요?

바로 그거예요. 우주가 '탄생'하고 '여러 가지 일들'을 거쳐 '빅뱅'이 되었어요. 이 '탄생'과 '여러 가지 일들'을 똑바로 이해하고 싶은 거예요.

> 하긴, 모르면 왠지 찝찝하니까요.

현재 확립된 이론('표준 이론')으로는 과거로 거슬러 올라갈 수 있는 시간에도 한계가 있죠. 우주가 탄생하고 0.0000000001초(100억분의 1초) 후에 빅뱅이 일어나고, 그후 1,000조 도 정도에 이르렀던 세계까지만 이론적으로 보증이 되거든요.

> 우와, 아까보다 숫자가 훨씬 더 작네요! 우주 탄생의 순간까지 한없이 다가갔는데도 아직 부족한가요…….

그래서 새로운 이론('대통일 이론'이나 '양자 중력 이론')을 구축하기도 하고, 초기 우주를 재현하는 실험을 하기도 하고, 빅뱅 전의 사건을 관측하기도 하면서 우주 탄생의 순간에 다가가려는 노력을 끊임없이 하고 있어요.

> '이론', '실험', '관측'이라는 3개의 무기를 갈고 닦아 '우주의 기원'이라는 난제에 도전하고 있군요. 정신이 아득해질 것 같은 작업이네요……. 전 아무런 도움을 드릴 수 없지만 응원합니다.

우주는 필연인가? 우연인가?

'우주는 왜, 어떻게 시작되었는가?'라는 궁극적인 수수께끼는 '우주는 필연인가? 우연인가?'로 바꿔 말할 수도 있어요.

우주는 필연인가, 우연인가……. 스케일이 너무 큰 테마네요.

이 테마를 생각할 때 한 가지 알아둘 게 있는데, 아무래도 이 우주는 신기할 정도로 잘 만들어져 있다는 사실이에요.

우주가 잘 만들어져 있다니!? 그건 무슨 뜻이에요?

이 우주는 마치 누군가가 수많은 재료의 간을 딱딱 맞춘 것처럼 여러 가지 값이 기가 막히게 어우러진 덕분에 이루어졌어요.

구체적으로 무슨 간을 어떻게 맞춘 거예요?

예를 들어 암흑에너지의 비율은 전체의 69%라고 이야기했는데, 그보다 훨씬 값이 컸을 수도 있었겠죠. 만약 그랬다면 우주는 눈 깜짝할 새에 팽창해서 별이나 은하처럼 형태가 있는 것들은 아무것도 생기지 않았을 거예요.

우리가 사는 이 지구도 없었겠네요.

맞아요. 그밖에는 '중력', 양극과 음극이 서로 끌어당기는 '전자기력', 소립자를 묶는 '핵력'같은 힘의 균형이 너무나도 절묘해요. 조금이라도 어긋났으면 의미 있는 어떤 물질도 만들어지지 않았을 거예요.

그러니까 수많은 별과 은하가 있고, 그런 모습을 보며 즐기는 우리 인간이 존재하는 우주가 '기적'이라는 거네요?

그건 확정할 수 없어요. 어쩌면 우리가 모르는 궁극적인 이론에 의해 '필연적으로 이렇게 되었다'라고 설명할 수도 있고요, 혹은 '수많은 우연이 딱 들어맞았다'라고 할 수도 있어요.

> 우주는 당연한 결과인가, 기적의 산물인가. 어느 쪽일까요······.

그 둘이 섞이는 것도 가능하겠죠.

우주는 무수히 많다!? '다중우주'

사실 우주는 무수히 많을지도 몰라요.

> 네!? 우주가 무수히 많다고요!! 꼭 SF 영화 같은데요.

SF 영화에 나올 법하지만, 사실 '다중우주 이론'이라는 번듯한 이론에 근거를 둔 주장이에요.

> 단 하나(유니)의 우주인 '유니버스'가 아니라 다수(멀티)의 우주인 '다중우주(멀티버스)'라는 건가요?

다중우주 이론에 따르면, 우주는 뽕뽕뽕 무수히 많이 생겨났어요. 각 우주들은 암흑에너지의 세기나 힘의 균형 등 온갖 상황들이 다 다르고요. 대부분은 의미 있는 것들이 만들어질 기미도 보이지 않죠.

> 같은 '우주'라고는 해도 우리가 배운 우주의 모습과는 전혀 다르다는 거군요.

그중에서 온갖 행운이 겹쳐 별도 은하도 생명도 생길 수 있는 환경을 갖춘 우주가 만들어졌어요. 그게 바로 우리 우주인 거고요. 행운이 겹칠 확률이 말도 안 되게 낮더라도 우주가 무수히 많다면 그런 일이 일어나도 이상할 게 없죠.

> 복권도 많이 살수록 당첨 확률이 올라가잖아요.

다중우주의 이미지

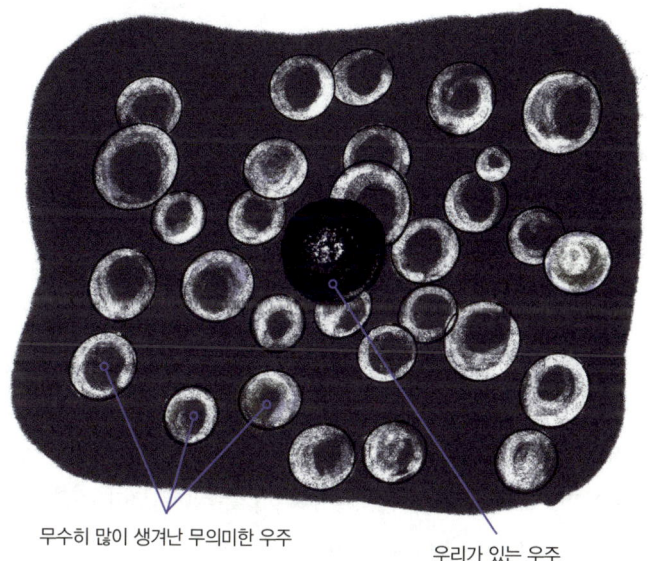

무수히 많이 생겨난 무의미한 우주   우리가 있는 우주

그렇죠. 우주는 필연적으로 무수히 생겨났고, 그중에서 우연이 겹치고 겹친 게 '이 우주'일지도 몰라요.

> 우주는 필연인가, 우연인가, 아니면 둘이 섞였는가. 너무 심오한 수수께끼네요.

'우주의 끝'을 볼 수 없듯이 '다른 우주'도 직접 볼 수는 없어요. 그래도 다른 우주의 존재를 검증하는 방법이 전혀 없는 건 아니에요. 지식을 쌓고 기술을 높이면 그 끝에 궁극적인 수수께끼를 밝혀낼 날이 올지도 모르죠.

그곳에 우주가 있는 한, 탐구는 계속된다

우주는 아직도 수수께끼투성이였군요. 그래도 설마 우주에 대해 알려진 게 고작 5%밖에 되지 않을 줄은 몰랐어요.

막연히 '전혀 모르겠다'가 아니라, '95%는 모르겠다'라는 걸 알고 있는 게 사실은 엄청난 거예요. 무엇을 어디까지 모르는지 올바르게 아는 것, '모름의 해상도'를 높이는 것이 앎으로 가는 걸음 하나로 이어질 거고요.

그렇군요. 구체적으로 수치가 나와 있다는 것 자체가 대단한 거네요. 그럼 5%나 알았으니 자신감을 가져도 되겠죠?

그래요. 하지만 현실적으로는 발걸음을 살짝 옮기는 것도 어마어마한 노력이 필요하죠. 연구자들은 매일같이 머리를 쥐어뜯으며 때로는 동료들과 힘을 합치고, 때로는 몇 세대에 걸쳐 수수께끼를 풀어내려고 해요. 그곳에 우주가 있고 수수께끼가 남아 있는 한, 인류의 탐구는 멈추지 않을 거예요.

아무리 어려운 난관에 봉착해도 포기하지 않고 과학의 힘으로 헤쳐 나가는 연구자들이 대단해요.

난관을 헤쳐 나가는 건 물론 대단한 일이지만, 연구자가 밝혀낸 사실을 이렇게 '호기심'을 갖고 배우는 것도 가치 있는 거죠. 배우면 보는 세계가 넓어지고 그러면 사물을 보는 눈이 달라지니까요.

맞아요! 무엇이든 배우면 자신의 세계가 넓어져요. 그런데 우주를 배우면 우주의 시작부터 우주의 끝, 나아가 다른 우주까지 상상을 초월할 정도로 세계가 넓어지네요. 전 이렇게 우주여행을 하면서 완전히 다른 사람으로 다시 태어난 것 같아요. '우주는 모르는 것투성이야', '뭘까?', '왜일까?'라는 우주에 대한 호기심은 또 새로운 세계로 데려가 줄 거예요.

우주는 알 수 없기 때문에 더 재미있어요! 이 우주의 즐거움을 더 많은 사람과 나누고 싶어요. '수수께끼에 도전하는 사람'이 있고 '배우는 사람'이 있어요. 저는 그 사이에서 '전하는 사람'으로서 지금 하는 일을 더 열심히 해야겠어요. 왠지 전에 없던 사명감이 솟구치는데요!

레슨 12 총정리

- ✦ 우주의 내용물은 일반 물질, 정체불명의 암흑물질, 정체불명의 암흑에너지로 이루어진다. 일반 물질은 전체 중 5%다.
- ✦ 암흑물질은 보이지 않고 만질 수 없지만 중력은 있다. 별이나 은하를 만드는 역할을 한다.
- ✦ 암흑에너지는 중력에 맞서 우주 공간을 넓히려는 에너지. 별이나 은하를 파괴할 우려가 있다.
- ✦ 우주는 138억 년 전에 빅뱅과 함께 시작되었다. 빅뱅 전에 무슨 일이 있었는지, 우주가 어떻게 생겨났는지는 베일에 싸여 있다.

그로부터 반년 후……

이즈쓰 박사의 레슨을 마친 도코는 우주 특집 기사 만들기에
자신감을 갖고 임하게 되었다. 특유의 표현으로 우주의 신비와
아름다움을 소개한 기사는 '초보자의 눈으로 쓴 내용이라
쉽고 재미있다'는 호평을 받으며 단숨에 독자층을 늘렸다.
하지만 최근 들어 'UFO나 외계인에 대해 알고 싶다'는
독자 문의가 많아져서 알아보던 중에 확실하지 않은
정보의 홍수 속에 갇히고 말았다.
그래서 도코는 다시 이즈쓰 박사를 찾았다.

번외

누구나 궁금해한다!

'UFO'와 '외계인'

레슨 13 UFO와 외계인

다수의 목격자! NASA도 주목!

정말 존재할까? 지구에 왔을까? 과학으로 분석하는 'UFO'와 '외계인'

UFO나 외계인은 정말 지구에 찾아왔을까?

박사님, 오랜만이에요. 박사님 덕분에 우주 페이지 평판이 좋아서 저도 자신감을 갖고 일을 하게 됐어요.

오랜만이네요. 우주 페이지가 호평을 받았다니, 대단해요!

호평을 받은 건 감사하지만 독자 수에 비례해서 'UFO'나 '외계인'에 관한 질문이 많아졌어요. 그런데 과학 덕후 편집장님은 미신 이야기로 빠질 것 같은 테마라면서 계속 퇴짜를 놓으시더라고요. 어떻게 해야 할까요?

UFO나 외계인은 다들 궁금해하는 이야기죠. 확실히 미신 같기도 해서 과학자들 사이에서도 멀리하는 사람을 종종 봤어요. 편집장님도 그런 부분을 염려하신 걸 거예요. 하지만 사실 올바른 지식을 알면 UFO나 외계인만큼 재미있는 테마가 없죠.

네? 그래요!? 빨리 알려주세요!

분명히 말하자면 UFO는 존재한다! 하지만……

처음부터 정확히 시작할게요. 분명히 말하지만 UFO는 존재해요.

그렇게 딱 잘라 말해도 괜찮은 거예요?

네. 왜냐하면 UFO는 '미확인 비행 물체(Unidentified Flying Object)'의 약자니까요. 그래서 '하늘을 나는 정체불명의 물체는 전부 다 UFO'가 되는 거죠. 다만, UFO에는 외계인이라는 말이 들어있지 않다는 것만 명심해줘요.

> UFO란 ○ 하늘을 나는 정체불명의 물체
> ○ '외계인이 타고 다니는 물체'를 뜻하지는 않는다.

아, 그런 거군요……. 하긴, UFO라고 하니까 외계인이 타고 하늘을 나는 원반이 떠오르긴 했네요.

그 '하늘을 나는 원반'도 주의해야 해요.

'하늘을 나는 원반'과 '회색 외계인 그레이'

'하늘을 나는 원반'이 처음으로 등장한 건 1947년 6월 24일이에요. 이날은 'UFO의 날'로 지정되어 마니아들 사이에서 사랑을 받고 있죠.

UFO의 날이라니! 재미있어 보이네요.

그날 신기한 비행 물체가 목격됐어요. 목격자는 '기묘한 물체가 수면으로 던진 접시처럼 날아갔다'라고 설명했는데, '하늘을 나는 원반(접시)이 목격되었다!'라는 헤드라인이 신문 1면에 나고 만 거죠.

'하늘을 나는 원반'은 원래 오보에서 나온 말이었나요?

이 보도가 나가면서 많은 사람들의 뇌리에 '원반 모양의 물체가 하늘을 난다'라는 이미지가 각인되었고, 단순히 비행기를 보고 '원반 모양 물체를 봤다'며 보고하는 사례가 자주 일어났어요. 인간에게는 보고 싶은 것만 보는 인지심리학적 버릇이 있거든요.

선입견이 착시를 불러일으킨 거군요.

선입견이 나와서 말인데, 그건 '외계인의 생김새'에 대해서도 똑같이 적용되죠. 도코는 '외계인' 하면 어떤 모습이 떠오르나요?

음, 역삼각형 모양의 큰 머리에 사납게 올라간 눈. 체격은 아담하고 몸이 회색이에요.

'그레이'라고 불리는 외계인이군요. 이건 스티븐 스필버그 감독의 영화 〈미지와의 조우〉에 등장한 외계인의 모습이에요. 영화 속 이미지가 너무 강렬해서 '외계인=그레이'라는 공식이 사람들에게 깊이 박혀 버린 거죠.

알게 모르게 저도 선입견에 사로잡혀 있었던 거군요…….

UFO나 외계인을 생각할 때는 편견을 버리는 것이 가장 중요해요. 외계인이 있는지 없는지, 있다면 어떤 모습일지 아무도 정답을 몰라요. 누군가가 만들어낸 이미지에 휩쓸리지 말고 냉정하면서도 유연하게 생각해야 해요.

제일 먼저 하늘을 나는 원반이나 그레이의 이미지에서 벗어나는 게 중요하네요.

UFO의 94%는 '착각'이었다!?

UFO가 목격됐다는 보고를 냉정하게 살펴보면, 대부분 그 현상에 대해 설명할 수 있어요. 과거에 미 공군이 1만 건 이상이나 되는 UFO 목격 보고(1947~1969년)를 샅샅이 조사했는데, 사실 94%가 '착각'이었다는 결론이 나왔어요.

집념이 대단하네요……. 대체 뭘 잘못 본 거였죠?

다른 단체에서 한 연구 결과가 있는데 한번 볼까요.

> **UFO로 착각한 것들의 순위**
> - 1위   비행기   ⇒ 41.6%
> - 2위   항성, 행성   ⇒ 35.2%
> - 3위   운석(화구)   ⇒ 11.0%
> - 4위   달   ⇒ 2.3%
> - 4위   인공위성   ⇒ 2.3%
> - 4위   기구, 풍선   ⇒ 2.3%
> - 7위   서치라이트, 지상광 ⇒ 1.8%
>
> ※ CUFOS의 Herdry에 따른 해석을 바탕으로 필자가 재집계(8위 이하는 생략)

아하. 이렇게 보니 하늘에는 헷갈릴 만한 것들이 아주 많네요. 아, 참. '미국 정부가 UFO 영상을 발견했다'는 뉴스가 화제에 오른 적이 있지 않나요?

미 국방부가 UFO 영상을 공개했을 때의 이야기군요. 2021년 미국 정부의 보고서에 따르면, 미군 파일럿이 목격한 UFO 144건 중에 한 건

만이 기구로 판명되었고, 나머지는 데이터가 부족하다는 이유로 정체불명이라는 결론이 났어요*17.

> 어머, 파일럿이 하늘에서 목격한 것들 대부분이 정체불명이었나요?

정리하자면, 지상에서 목격된 UFO 중 94%는 설명이 가능했지만, 하늘에서 파일럿이 목격한 UFO는 거의 설명이 되지 않았다는 뜻이죠.

> 그럼 지상에서 목격된 UFO 중에서 정체불명인 6%나 파일럿이 목격한 UFO는 혹시…… 외계인?

물론 모든 UFO를 다 설명할 순 없어요. 그렇다고 해서 UFO가 외계인이 타고 다니는 물체라고 단정을 지을 수도 없죠. UFO가 목격되었다는 건 '그냥 정체불명의 비행 물체가 보였다', 그 이상도 이하도 아니에요.

> 아아……. 뭔가 개운치 않은데요. 아무튼 UFO는 신중하게 접근해야 한다는 거죠.

맞아요. 현재 NASA는 UFO 연구 책임자와 멤버를 임명해서 데이터를 수집하고 분석하고 있어요.

> 우주 전문 집단인 NASA도 입장을 조금은 바꿨군요. 외계인의 존재 가능성이 0%는 아니라는 거네요.

---

*17 ─── 현재 미국 정부와 NASA는 UFO가 아닌 '미확인 이상 현상(UAP, Unidentified Anomalous Phenomena)'이라는 말을 사용하고 있습니다. 2021년 보고서에서는 UAP의 정체로 '전파 반사', '대기 현상', '중국, 러시아, 비정부기구의 테크놀로지'를 후보로 꼽았습니다.

'과학적 증거는 없지만 그래도 낭만은 있다

아쉽게도 과학적인 견해로 따졌을 때, 'UFO는 외계인이 타고 다니는 물체'라는 설을 지지할 증거가 있다고는 보지 않아요. 과학은 다음 세 가지가 한데 모였을 때 비로소 성립하니까요.

> **과학에 필요한 3개 요소**
> ○ 실증성 : 가설을 관찰이나 실험으로 검증할 수 있다.
> ○ 재현성 : 누가 검증하더라도 똑같은 결과가 나온다.
> ○ 객관성 : 주관이 아닌 사실을 기반으로 결론을 도출한다.

'외계인이 타고 다니는 물체'라는 설에는 이 3개를 갖춘 증거가 없어요. 그렇다고 해서 'UFO는 외계인이 타고 다니는 물체'라는 설이 틀렸다고 단언할 수 있는 것도 아니죠. 지금은 아직 과학적인 증거가 없을 뿐이고 실제로는 그게 맞는 걸지도 몰라요.

> 그렇다면 UFO나 외계인에 대해 생각할 때 편견은 버리는 게 좋지만 희망까지 버릴 필요는 없다, 이거군요!

바로 그거예요! 그래서 UFO에는 낭만이 넘친다고나 할까요.

외계인에 대한 과학자의 '3개의 견해'

과연 우주 어딘가에는 인간 같은, 혹은 인간보다 훨씬 뛰어난 지성을 가진 외계인이 있을까요?

> 저는 있을 것 같아요. 우주는 무지막지하게 넓은 세계라는 걸 지금까지 배웠잖아요. 어딘가에 분명히 있어요!

사실 과학자들 사이에서도 의견이 갈려요. 3개의 견해를 간단히 소개할게요.

외계인에 대한 과학자들의 다양한 견해

❶ 우주에 있는 별의 수를 생각해보면 '외계인은 있다'
❷ 인간과 같은 지적 생명은 없지만 '미생물 같은 생명은 있다'.
❸ 생명이 태어나 진화하기란 간단하지 않으므로 '외계인은 없다'.

> 과학자들도 '외계인 있다 파'와 '외계인 없다 파'가 팽팽하게 맞서는군요.

어떻게 각각의 견해에 이르렀는지 설명해볼게요.

우리 은하에는 '36개'의 외계인 문명이 있다!?

① 외계인은 있다

지금까지 이야기했지만 이 우주에는 상상도 못할 수많은 별이 있어요.

> 음, 우리 은하에는 대충 2,000억 개의 별이 있고, 우주에는 그런 은하가 2조 개나 있다고 하셨죠?

학습이 잘됐네요! 그 우주도 관측이 가능한 범위 내의 숫자예요. 우주는 그보다 훨씬 더 광범위하게 펼쳐져 있죠. 그만큼 우주는 넓고 수없이 많은 별이 있는데, 정말로 오로지 지구에만 지성을 가진 생명체가 있는 걸까요?

> 유일하게 지구에만 있다는 건 좀 이상하지 않아요? 분명히 또 있을 거라고요!

우주에 있는 별의 수를 생각하면 분명히 있다. 이게 '외계인 있다 파'의 생각이에요.

> 저도 같은 의견입니다!

여기에 외계인이 사는 별은 얼마나 존재할 것 같은지 예측해본 연구가 있어요. 2020년에 '우리 은하 안에 외계인 문명은 36개 있다'라고 추정한 논문이 발표되었는데요.

> 36개나 된다고요!

여러 가정을 바탕으로 추정만 한 거지 확실히 있다는 건 아니에요. 그래도 구체적인 숫자가 보이니까 괜히 들뜨게 되죠.

위성의 바다에 미생물이 우글우글 산다!?

② 미생물 같은 생명은 있다

외계인에 대한 두 번째 견해는 '인간처럼 지성을 가진 생명은 없지만, 미생물 같은 생명은 있지 않을까?'라는 거예요. 바꿔 말하면, '지구 밖 지적 생명'은 없지만 '지구 밖 생명'은 있다는 거죠.

> 현실적인 견해라고 볼 수 있네요.

지구 밖 생명은 사실 이 태양계에도 우글우글 존재할 수 있어요.

엥, 이 태양계에요? 그것도 우글우글하다고요!?

다음 세 곳을 후보로 들 수 있죠.

> 태양계에서 지구 밖 생명이 있을 것으로 기대되는 장소
> ○ 화성
> ○ 목성의 위성 '유로파'
> ○ 토성의 위성 '엔셀라두스'

그렇군요. '레슨 8'에서 화성은 아득히 먼 옛날에 바다가 있었으니까 어쩌면 지금도 생명이 있을지 모른다는 이야기하셨죠.

맞아요. 화성의 생태계를 배려해서 화성 탐사기는 반드시 멸균을 할 정도니까요.

하지만 화성 말고 다른 후보들은 목성이나 토성 주위를 도는 위성이네요? '레슨 9'에서는 태양에서 적당한 거리에 있어야 바다를 유지할 수 있다고 말씀하셨잖아요. 너무 가까우면 뜨거워서 증발하고, 너무 멀면 추워서 얼어버린다고요.

맞아요. 유로파와 엔셀라두스의 표면도 얼음으로 뒤덮여 있어요. 그런데 그 얼음 아래에 드넓은 바다가 펼쳐져 있지 않을까 추정하는 거죠.

위성 안에 바다가 있다고요!?

그 바다에는 생명의 재료가 되는 '유기물'이 있고, 살아가는 데 필요한 '에너지'도 있을 것이라고 기대하고 있어요. 지구 밖 생명이 우글우글 사는 게 전혀 이상하지 않아요.

우와! 바닷속이면 물고기처럼 생겼을까요? 아니면 문어처럼 생겼을지도? 별별 상상이 다 드는데요!

유로파나 엔셀라두스에는 간헐천이 있어서 바닷물이 표면으로 뿜어져 나올 때가 있어요. 현지에서 그 물을 채취해서 돌아오는 탐사선 같은 계획을 검토하고 있고요. 지구 밖 생명의 존재는 이런 탐사를 통해 곧 결론이 날지도 몰라요.

유로파나 엔셀라두스 지하에 펼쳐진 바다

외계인이 존재할 리가!?

③ 외계인은 없다

태양계에 지구 밖 생명이 존재할 것으로 기대한다고는 하지만, 과학자들 중에는 '외계인은커녕 지구 밖 생명도 있을 리 없다'라고 생각하는 사람들도 있어요.

> 에엥, 그분들은 꿈이고 뭐고 없다 이거죠!?

외계인을 생각할 때는 우리가 우주에 있는 생명을 한 종류밖에 모른다는 사실을 알아둬야 해요. 주변을 아무리 둘러봐도 지구 생명 한 종류밖에 없잖아요.

> 음? 그게 무슨 뜻이에요? 인간 말고도 다양한 생물이 있는데요. 새도 있고 고양이도 있고 벌레도 있고 식물도 있고…… '생물 다양성'이라는 말도 있잖아요.

사실 지구에 있는 생물은 모두 친척이에요. 뿌리를 거슬러 올라가면 공통의 조상을 만나게 되죠. 지구상의 모든 생물은 공통된 메커니즘으로 살고 있다는 게 그 증거고요.

> 다 친척이라고요? 정말이요!? 대체 어떤 메커니즘인데요?

비유해서 말하자면 종이에(DNA)에 여러 가지 설계도(유전자)가 그려져 있고, 도우미(RNA)가 그 설계도를 복사해서 공장(리보솜)에 전달해 줘요. 그럼 그 설계도를 바탕으로 부품(단백질)이 만들어지는 구조이죠. 생물학 용어로 '중심 원리(센트럴 도그마)'라고 해요.

> 오호, 미생물도 인간도 똑같다니 신기하네요! 다들 공통된 구조로 살아가는 친척이라고 생각하니까 지구상에 있는 생물들에 왠

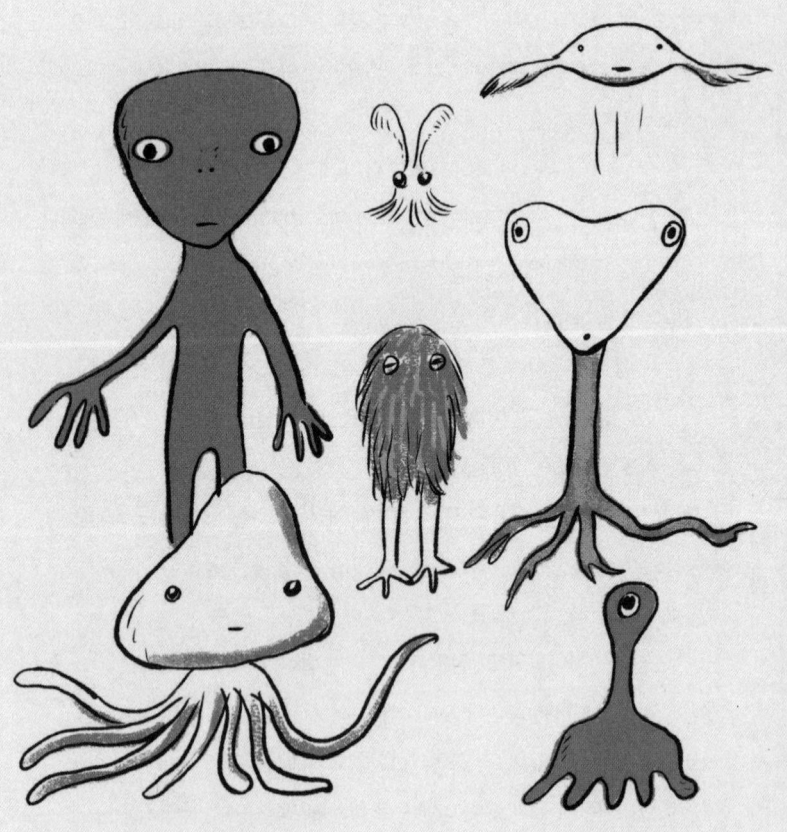

> 지 애정이 생기는데요.

문제는 그 지구 생명의 '기원'이에요. 우리 조상을 근본까지 따라 올라갔을 때, '지구 최초의 생명'이 어디서 어떤 식으로 태어났는지는 아직 베일에 싸여 있거든요.

> 우주 생명뿐 아니라 지구 생명의 수수께끼도 아직 안 풀린 건가요?

맞아요. 우리는 우주에 있는 생명을 한 종류밖에 모르고 그게 탄생한 메커니즘도 모르니까 우주에서 생명이 탄생하는 게 필연이지 우연인지 알 수 없는 거죠. 그래서 '지구 말고 다른 곳에도 생명이 있다'라는 말을 함부로 할 수 없다고 생각하는 연구자도 있는 거죠.

> 생명은 필연인가 우연인가……. '레슨 12'에서 '우주는 필연인가 우연인가'라는 이야기가 나왔는데, 우주뿐 아니라 생명도 근원적인 수수께끼를 안고 있었군요.

얽히고설킨 '지구 생명'과 '우주 생명'의 수수께끼

과연 '생명의 탄생'이나 '생명의 진화'는 간단할까요, 아니면 어려울까요? '지구 밖 생명'이나 '지구 밖 지적 생명'을 연구하려면 '우리 주변의 지구 생물'을 더 깊이 이해해야 해요.

> 우리 주변에 있는 생물들을 더 깊이 아는 것이 수수께끼를 푸는 열쇠가 되는군요! 지구에 있는 생명들이 사실은 굉장히 '신비로운 존재'였네요?

우리가 지구 생명 한 종류밖에 모르는 이상, '신비롭다'고 말할 수 있겠네요. 만약 화성이나 엔셀라두스에 미생물조차 없다면, 생명이 탄생하기란 아주 어려울 거예요. 반대로 예상보다 진화한 생물이 많다면, 생명의 탄생이나 진화가 그렇게까지 특별한 건 아닐지도 모르죠. 만약 우주 곳곳에서 생명을 발견한다면, 그건 '신비로운 존재'가 아니라 '흔한 존재'가 될 테니까요.

> 그러네요……. 지구 말고 다른 장소에서 생명이 발견될지, 혹은 발견되지 않을지에 따라 지구 생명의 의미가 달라지겠네요.

물론 우주에서 생명이라는 게 흔한 존재였다 해도 지구의 생명이 귀하다는 사실에는 변함이 없어요. '지구 생명을 알면 우주 생명을 알 수 있다, 우주 생명을 알면 지구 생명을 알 수 있다.'
두 수수께끼는 서로 얽혀 있지만 차츰차츰 알아가고 있다고 생각해요.

우리 주변의 생물들이 열쇠를 쥐고 있다

> 아니, 외계인 이야기를 하다가 갑자기 생명 이야기를 할 줄은 몰랐어요.

'외계인'이란 '외계'와 '사람'이라는 말을 단순히 붙인 것처럼 보이지만, 알면 알수록 굉장히 깊죠.

> 설마 우리 주위에 있는 생물들이 모두 친척이라고는 상상도 하지 못했는데, 그뿐만 아니라 외계인의 수수께끼를 풀 수 있는 열쇠까지 쥐고 있었다니…….

생물들을 바라보는 관점이 달라지죠.

> 지금까지 쭉 이야기를 하면서 우리처럼 작은 인간이 광활한 우주에 대해 생각한다는 게 정말 대단한 일이라는 걸 느꼈는데, 인간뿐 아니라 지구에 있는 생명 그 자체가 존재만으로도 가치 있는 것이었네요.

인간의 무한한 가능성과 생명의 한없는 가치를 알게 해주는 것이 우주의 가장 큰 매력 아닐까요?

> 우주 어딘가에 있을지도 모르는 외계인의 존재를 찾는 동안에도 생명이 계속 자라고 있는 지구가 얼마나 귀중한지 더 깊이 깨닫게 됐어요. 전보다 훨씬 더 지구와 여기에 사는 생물들을 아껴야겠다는 마음이 들어요.

레슨 13 총정리

- UFO나 외계인은 미신이 아니라 과학의 시점으로 마주볼 것을 추천한다.
- 'UFO는 외계인이 타고 다니는 물체'라는 설은 아직 과학적으로 증명할 만한 게 없다.
- 지구의 생명밖에 모르는 이상, 우주의 생명이 필연인지 우연인지 알 수 없다.

그 후…

도코는 이제 과학 덕후 편집장도 고개를 끄덕일 만큼 흥미로우면서도 유익한 기획을 짜서 독자의 지적 호기심을 채워주는 기사를 제공할 수 있게 되었다. 잡지의 공식 SNS 팔로워 수는 하늘 높은 줄 모르고 치솟아 수많은 '좋아요'와 댓글이 쏟아졌다. 주위 사람들에게도 어엿한 편집자로 인정받게 된 도코는 우주 특집 기사 기획 팀에도 합류하게 되었다.

이즈쓰 박사는 마침 아기도 태어났겠다, 세토 내해의 섬 지방에도 집을 지어 산 생활과 바다 생활을 번갈아 즐기며 살고 있다. 육아를 하다 보니 젊은 세대에게 우주의 매력을 더 알리고자 하는 마음이 강해졌다. 요즘에는 애용하는 경트럭을 타고 학교에 가서 '경트럭 우주 교실'을 여는 데 푹 빠졌다. 도코에게 우주를 가르쳤던 경험이 아이들을 대할 때 큰 도움이 된다고 한다.

마치며

'불붙은 지적 호기심'에 장작을 지펴라

여러분, 즐거우셨나요?

이 책이 우주에 대한 여러분의 지적 호기심에 불을 붙이는 계기가 되었다면 더없이 기쁠 것 같습니다. 기왕 불을 지폈으니, 그 불이 꺼지지 않도록 장작을 지피면 좋겠죠. 이를테면 우주 책을 읽어도 좋고, 우주의 연구 성과를 찾아보는 것도 좋고, 별을 보는 것도 좋겠죠.

처음에도 이야기했지만, 이 책은 '우주의 알짜배기'들만 모은 책이에요. 서점에 가시면 여기서 다룬 주제를 더 깊이 파고든 양질의 도서들이 아주 많습니다. 그리고 연구 기관이 발표한 성과를 골라서 해설해주는 우주 관련 웹 미디어 기사를 읽어 보는 것도 좋겠지요. 이 책을 잘 봤다면 기반을 다져주는 우주 지도가 생겼을 테니, 아마 전체적인 이미지는 잡혔을 거예요. 지식이 쌓이면 지도가 더 선명해지니까 우주여행도 점점 더 즐거워지겠지요.

맑게 갠 밤에는 하늘의 별을 바라보세요. 기회가 되면 전원 풍경이 펼쳐지는 산간 지방에 가 보는 것도 좋아요. 저는 히로시마의 산골짜기로 이주를 하고 얼마 지나지 않아 별이 쏟아지는 장관에 압도되어 엉덩방아를 찧을 뻔한 적이 있어요. 도시와 달리 별이 어마어마하게 많이 보일 겁니다.

제가 예전에 열었던 우주 교실 이벤트에서 우주의 기원에 대해 폭풍 질문을 하실 정도로 열정이 불타오르는 80대분이 계셨어요. 너무 멋있더라고요.

여러분도 근처에 우주를 좋아하는 친구가 있다면 호기심의 장작불을 들고 다 같이 모여 신비하고 장엄한 우주여행을 해보는게 어떨까요?

마지막으로 오랜 기간 집필을 하는 동안 항상 너그러운 마음으로 격려를 해 주신 편집자 다나카 준코 씨, 이 책에 다채로운 빛깔과 친근함을 더해주신 일러스트레이터 무라카미 데쓰야 씨, 제 글을 지적이면서도 말랑말랑한 책으로 완성해 주신 디자이너 시부이 후미오 씨에게 진심으로 감사드립니다.

항상 흐뭇한 얼굴로 응원해 준 아내와 어머니에게도 감사의 마음을 전합니다. 이 책을 아버지에게 보여드리려 했던 염원은 이루지 못했지만, 떠나시고 이튿날 태어난 아들에게는 보여 줄 수 있어 매우 기쁩니다. 이 아이가 성장했을 즈음에는 우주의 수수께끼는 얼마나 풀릴까요?

이즈쓰 도모히코

우주의
역사

✦ '빛'의 시대

138억 년 전 우주의 탄생 ➡ 레슨 ⑫

우주 탄생 직후 고온·고밀도의 불덩어리 '빅뱅' ➡ 레슨 ⑫

우주 탄생으로부터 100억 분의 1초 후 소립자가 뒤섞인 1,000조 도의 세계 ➡ 레슨 ⑫

우주 탄생으로부터 1만 분의 1초 후 양자(수소)와 중성자 생성 ➡ 레슨 ⑫

우주 탄생으로부터 몇 분 후 헬륨 생성 ➡ 레슨 ⑫

✦ '물질'의 시대

우주 탄생으로부터 38만 년 후 우주 재결합 시대 ➡ 레슨 ⑫

우주 탄생으로부터 약 1~2억 년 후 우주 최초 항성의 탄생 ➡ 레슨 ⑫

우주 탄생으로부터 수억 년 후 우주 최초 은하의 탄생 ➡ 레슨 ⑤, 레슨 ⑫

현재로부터 약 46억 년 전 태양계(태양과 지구를 포함한 행성)의 탄생 ➡ 레슨 ③, 레슨 ④

약 45억 년 전 달의 탄생 ➡ 레슨 ②, 레슨 ③

✦ '암흑에너지'의 시대

약 40억 년 전 지구에서 생명이 탄생 ➡ 질문 ❶, 레슨 ⑬

약 6,600만 년 전 지름이 10킬로미터인 거대 운석이 지구에 충돌 ➡ 레슨 ⑦

약 700만 년 전 인류의 탄생

약 30만 년 전 현생인류(호모사피엔스)의 탄생

현재

약 40억 년 후 우리 은하와 안드로메다 은하가 충돌 ➡ 레슨 ⑤

약 50~60억 년 후 적색거성이 되는 태양 ➡ 레슨 ④

약 60억 년 후 우리 은하와 안드로메다 은하가 합체 ➡ 레슨 ⑤

약 60억 년 후 백색왜성이 되는 태양 ➡ 레슨 ④

약 10조 년 후 더 이상 빛을 내뿜지 못하고 새카매지는 태양 ➡ 레슨 ④

참고
문헌

◎ 고에너지 가속기 연구 기구 소립자 원자핵 연구소 엮음, 《우주와 물질의 기원 '보이지 않는 세계'를 이해하다》, 고단샤, 2024.
◎ 노무라 야스노리, 《우주는 왜 존재하는가 처음 접하는 현대우주론》, 고단샤, 2022.
◎ Office of the Director of National Intelligence, "Preliminary Assessment: Unidentified Aerial Phenomena", 2021.
◎ F. Vazza and A. Feletti, "The Quantitative Comparison Between the Neuronal Network and the Cosmic Web".
Frontiers in Physics, Volume 8, id.491, 2020.
◎ T. Westby and C. J. Conselice, "The Astrobiological Copernican Weak and Strong Limits for Intelligent Life". The Astrophysical Journal, Volume 896, Issue 1, id.58, 18 pp, 2020.
◎ 사이키 가즈토, 《달은 대단하다 : 자원 · 개발 · 이주》, 주오코론신샤, 2019.
◎ 스토 야스시, 《부자연스러운 우주 : 우주는 하나뿐인가?》, 고단샤, 2019.
◎ 도타니 도모노리, 《우주의 '끝'에 무엇이 있을까 : 최신 천문학이 그리는, 시간과 공간의 끝》, 고단샤, 2018.
◎ 와타나베 준이치 감수, 《잠 못 들 정도로 재미있는 도해 우주 이야기》, 니혼분게이샤, 2018.
◎ 오카무라 사다노리, 이케우치 사토루, 가이후 노리오, 사토 가쓰히코, 나가하라 히로코 엮음, 《인류가 살고 있는 우주 [제2판] 시리즈 현대의 천문학 제1권》, 니혼효론샤, 2017.
◎ 혼마 마레키, 《거대 블랙홀의 비밀 : 우주 최대 '시공의 구멍'에 다가가다》, 고단샤, 2017.
◎ 가타오카 류호, 《우주 재해 : 태양과 함께 산다는 것》, 가가쿠도진, 2016.
◎ 마쓰이 다카후미, 《천체 충돌》, 고단샤, 2014.
◎ 닐 코민스, 《만약 달이 두 개 있다면 있었을지도 모를 지구로 10번의 여행 Part2》, 도쿄쇼세키, 2010.
◎ 무라카미 하루키, 《1Q84(1)~(3)》, 신초샤, 2009~2010.
◎ 기쿠치 사토루, 《초상현상을 왜 믿는가 : 편견을 낳는 '체험'의 위태로움》, 고단샤, 1998.

그밖에 우주와 자연과학 관련된 서적과 논문들에서 많은 도움을 받았습니다.

저자
소개

이즈쓰 도모히코(井筒智彦)

사이언스 라이터. 나사NASA의 인공위성 데이터를 해석해 우주플라즈마의 난류 수송 현상을 세계 최초로 입증했다. 2010년에는 지구전자기·지구행성권학회에서 오로라 메달(학생 발표상)을 수상했으며, 도쿄대학 대학원에서 지구행성과학 박사과정을 수료했다.

'우주 박사' 혹은 '도쿄대 우주 박사'로서 히로시마 홈 TV에서 6년 동안 해설을 맡았고, 주고쿠 방송에서는 라디오 패널을 8년 이상 참여했다. 교도통신사를 비롯하여 진국 약 100기기 넘는 신문에 칼럼을 실었다. 아사히신무 디지털 '다음 시대', TOKYO MX 《다무라 아쓰시의 다 물어볼 거야!》, 잡지 《소토코토》 등 다양한 미디어에 출연기고, 출연했다. 또한 일본 각지나 한국 등에서 별 관측회와 강연회를 여는 등 일반인들에게 우주의 매력을 전하는 활동에도 힘쓰고 있다. '재미있고 알기 쉽다', '아이와 같이 즐길 수 있다'라며 폭넓은 연령층에 호평을 얻고 있다.

저서로는 《Think Galaxy 은하 레벨에서 생각하라》, 감수한 책으로는 《미 국방부가 마침내 동영상 공개! 세계의 UFO 보고서 대전》, 편집한 책으로는 요로 다케시의 《요로 선생의 거꾸로 인간학》 등이 있다. 유튜브 채널은 누적 조회수 190만을 넘었다.

역자
소개

김 소 영

다양한 일본 서적을 국내 독자에게 전하는 일에 보람을 느끼며 많은 책을 소개하고자 힘쓰고 있다. 현재 엔터스코리아에서 일본어 번역가로 활동 중이다.

주요 역서로는 《처음 시작하는 천체 관측》, 《미적분, 놀라운 일상의 공식》, 《세계를 뒤집어버린 전염병과 바이러스》, 《재밌어서 밤새 읽는 수학이야기:베스트 편》, 《재밌어서 밤새 읽는 유전자 이야기》 등이 있다.

시야가 트이고 관점이 생기는
말랑말랑 우주여행

지은이	이즈쓰 도모히코
옮긴이	김소영
펴낸이	한광희
편 집	이은규
디자인	김인숙

초판 1쇄 인쇄	2025년 4월 25일
초판 1쇄 발행	2025년 4월 30일

발행처	주식회사 예경
등 록	2021년 5월 27일(제2021-000105호)
주 소	경기도 고양시 덕양구 지정로 17, 315
전 화	02 396 3040~2
팩 스	02 396 3044
홈페이지	www.yekyong.com

ISBN 979 11 978285 3 9 (03440)

TODAI UTYUUHAKASE GA OSHIERU YAWARAKA UTYU KOZA by Tomohiko Izutsu
Copyright © 2024 Tomohiko Izutsu / Illustrations © Tetsuya Murakami
All rights reserved. Original Japanese edition published by TOYO KEIZAI INC.
Korean translation copyright © 2025 by Yekyong Inc.

This Korean edition published by arrangement with TOYO KEIZAI INC., Tokyo,
through The English Agency (Japan) Ltd., Tokyo and Danny Hong Agency, Seoul.

이 책의 한국어판 저작권은 대니홍 에이전시를 통한 저작권사와의 독점 계약으로 주식회사 예경에 있습니다.
저작권법에 의해 한국 내에서 보호를 받는 저작물이므로 무단전재와 복제를 금합니다.